钢铁堡垒

世界著名坦克 CG 图册

赵云鹏　著

机械工业出版社
CHINA MACHINE PRESS

自坦克诞生之日起，极大增加了陆军的机动性和火力。毫不夸张地说，坦克已经成为现代陆军的代名词。

作者使用计算机虚拟技术全方位、全角度介绍世界主流坦克，每幅三维坦克图片都将以全新角度、唯美构图、梦幻光影表现世界各国优秀坦克风采。作品绚丽又富有美感的同时辅以相应客观数据，读者在欣赏精美作品的同时又可对其基本情况有所了解。全新形式使军事科普有趣又赏心悦目，适合各层次年龄段的读者，老少咸宜。本书将带领读者一起走进“坦克”这个陆战之王的世界。

图书在版编目（CIP）数据

钢铁堡垒：世界著名坦克CG图册 / 赵云鹏著. —北京：机械工业出版社，2024.4
ISBN 978-7-111-75448-0

Ⅰ. ①钢…　Ⅱ. ①赵…　Ⅲ. ①坦克－世界－图集　Ⅳ. ①E923.1-64

中国国家版本馆CIP数据核字（2024）第060723号

机械工业出版社（北京市百万庄大街22号　邮政编码100037）
策划编辑：韩伟喆　　　责任编辑：韩伟喆
责任校对：肖　琳　陈　越　　责任印制：邓　博
北京盛通印刷股份有限公司印刷
2024年4月第1版第1次印刷
260mm×210mm・12.75印张・2插页・164千字
标准书号：ISBN 978-7-111-75448-0
定价：129.00元

电话服务　　　　网络服务
客服电话：010-88361066　　机　工　官　网：www. cmpbook. com
010-88379833　　机　工　官　博：weibo. com/cmp1952
010-68326294　　金　　书　　网：www. golden-book. com

机工教育服务网：www. cmpedu. com

前　言

战争与文明，相互成就又相互制约，残酷的战争加速了各文明、地域甚至民族宗教间的大融合，但更多的是给交战双方带来大量人员伤亡与财产损失。航空兵、潜艇及自动武器在 20 世纪初得到发展，第一次世界大战的爆发更是各国军事科技前进的重要契机。1916 年，当菱形钢铁堡垒首次出现在布满铁丝障碍堑壕的索姆河战场时，它喷涌着火舌犹如不可战胜的野兽肆意咆哮，交战双方的士兵们恐怕没有想到这一刻将成为世界军事史上极为重要而又有意义的一天。1916 年 9 月 15 日，坦克首次应用于战场，陆军主战兵器迎来了最重要的一员。

20 余年之后的第二次世界大战，从欧洲到北非，从第聂伯河到太平洋诸岛，坦克都是参战双方必不可少的突击力量。经过战火的洗礼，彼时的坦克已经更加现代化，更加强大的火力、坚固的装甲、非凡的机动性及早期火炮稳定装置，使它已经不是刚问世时的笨重“铁炮楼”，坦克与诸兵种配合突击作战的理论在第二次世界大战期间得到实际验证。坦克，就是在大量战斗与锤炼之后，得到了“陆战之王”的美誉。

本图册准确反映各时期各国主要坦克型号。从坦克鼻祖的英国马克 I 型到德国最新式“豹”2A7，从苏制 T-54/55 到美国“艾布拉姆斯”，涵盖面广泛，制作精良，是陆军兵器和装备爱好者的上佳之选。本图册不仅有大量精湛艺术插图，还详细讲解各型号坦克的参数、趣闻与发展史，是有着丰富文献资料的科普读物。

谁才是世界首款主战坦克，谁是中东沙漠小霸主，苏制 T 系列坦克各型号之间有哪些关联和改进，美国“艾布拉姆斯”主战坦克服役之前靠谁来作为全球作战的先锋，核动力坦克、三防怪物、“豹”2 坦克家族之间的具体区别、苏制 T 系列坦克都有哪些绝活？以上种种都在本图册中有所呈现。谁才是坦克之王，谁能称霸陆地，谁才是明日之星？答案都在这里。本图册再现经典坦克，将和您一起走进坦克这个陆战之王的世界，展现陆战之王的雄风。

目录

CONTENTS

马克 I 型坦克（雄）

雌雄双煞

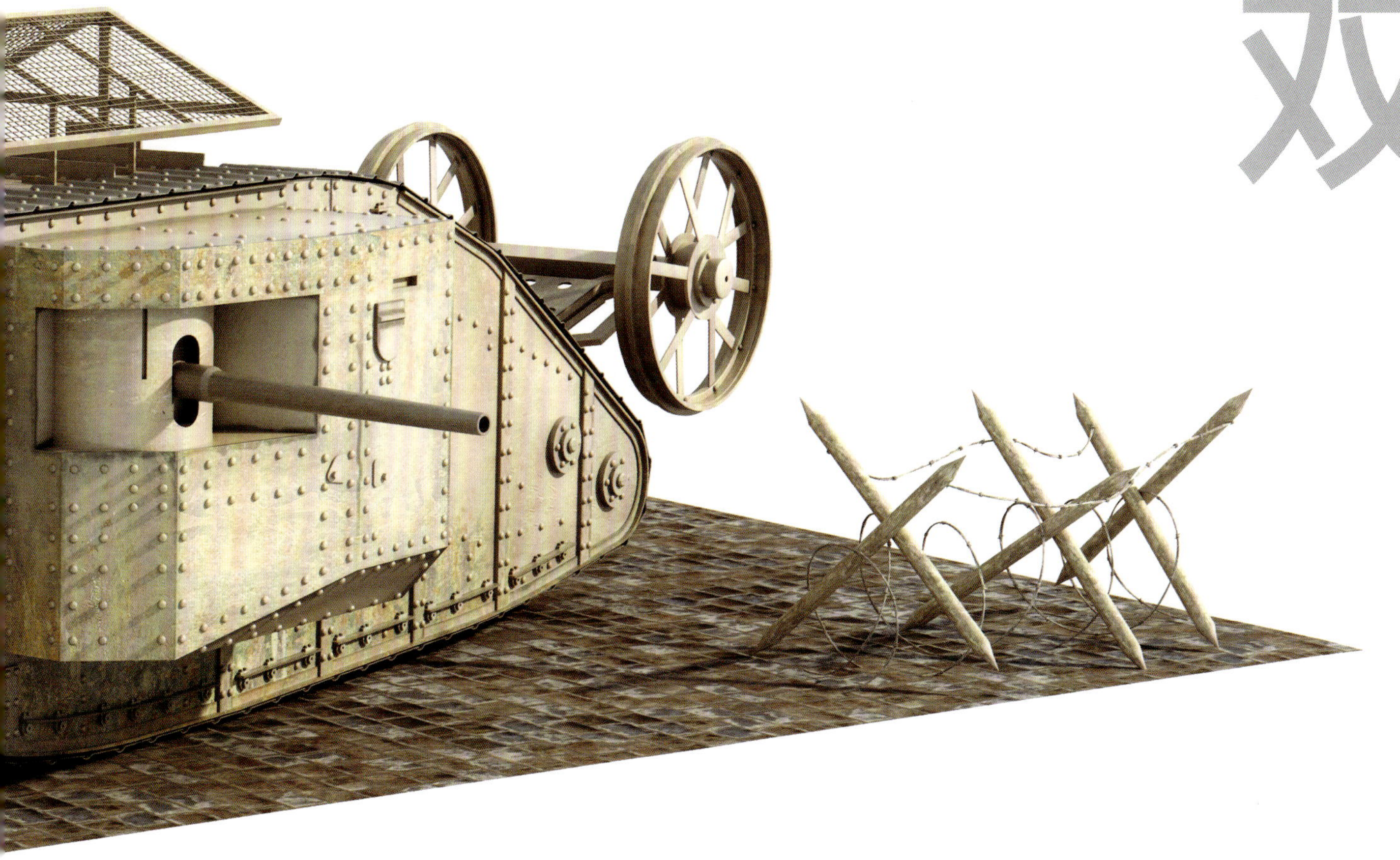

马克Ⅰ型坦克由英国研制，并在第一次世界大战期间在英国军队服役，是世界上第一种正式参与战争的坦克。马克Ⅰ型坦克在1916年8月开始服役，并于1916年9月15日首次应用在索姆河战役上。它的主要作用是破坏战场上的铁丝网、越过战壕，亦能抵御小型武器的射击。1916年的索姆河战役中，英国人利用坦克打了德国人一个措手不及。

早在1915年，英国人研制出了以钢铁装甲为基础，加装快速炮和机枪，使用履带行进的战斗车辆。为了使这种装甲车辆出现在今后的战场上具有突然性，也为了麻痹敌人的保密需要，取名为“水箱”，而水箱（盛水或液体的容器）的英文为Tank，所以这个钢铁装甲车辆就被命名为Tank，这就是“坦克”一词的由来。从此，世界战争史上又增加了一种无可取代的重要技术兵器。

让我们看看坦克始祖的样子。硕大菱形的外观，横跨整个车身的环绕式宽大履带，武器被放置在车身两侧，转向轮在后。这个模样的车辆实在难以与现在世界先进坦克联系到一起，如同莱特兄弟的“飞行者一号”那般简陋粗糙，但这就是真正意义上的第一型坦克。这型坦克被命名为马克Ⅰ型。比较有趣的是，它因配备武器不同而出现了两种车型，雌雄双煞的传奇为后人津津乐道。马克Ⅰ型雌雄坦克的区别在于雄坦克装备6磅（1磅≈0.45千克，这里指的是炮弹重量）快速炮，而雌坦克则装备一挺7.7毫米口径水冷式重机枪，以此分辨雌雄，余下没有任何区

马克Ⅰ型坦克（雌）

别。车体内的乘员舱并无任何隔间，发动机和武器等设备同处于一个空间内，发动机无减震消声装置，因此环境非常恶劣。车体内部充斥着来自发动机排放的废气、汽油和机油味，而武器开火后的硝烟味更甚，再加上车内温度高达50摄氏度，极端恶劣的环境导致不少乘员在车上晕倒。因各种武器直接放置在车厢内，为减轻开火时可能引起的危险（如卡弹、开炮的火花及弹出的弹壳），乘员会戴上头盔、护目镜及脸罩来保护自身安全。

马克Ⅰ型坦克的操控十分困难，转弯依靠驾驶员控制左右两边履带的速度来实现。坦克乘员共有8人，指挥官与驾驶员各一人纵列并坐于坦克前部，指挥官与驾驶员都负责操控坦克，坦克后部还有两个人分别站立操作左右各一个的两段变速箱。因车内噪声极大，前后方乘员需用扳手敲打车体内部金属物体引起对方注意，再用手势去沟通。其余的四人是炮长以及装填手，还要兼职当机枪手。因为没有无线电通信，所以车内会携带两只信鸽用来通信。

坦克出现之始，几乎完全碾压了常规步兵以堑壕铁丝网和机枪火力为依托的防御阵地，同盟国士兵即使面对行动迟缓、机动能力非常孱弱的钢铁怪兽也没有十分有效的办法来抗衡。索姆河战役最终的结果虽然对协约国来说很不理想，甚至有说法认为这是协约国的失败，但坦克的突然出现无疑给同盟国士兵带来了极大的心理震撼。彼时英国仅有49辆马克Ⅰ型坦克，因为机械故障等原因参加此次战役进行战斗的仅有18辆。这18辆坦克又因为战损和故障，真正发挥作用的寥寥无几。坦克的突然出现，让许多同盟国士兵束手无策，甚至放弃战斗退出阵地，但数量和质量皆堪忧的坦克还是没能挽狂澜于既倒，没有成为战役胜负的决定性因素，只是起到了些许作用而已。坦克的问世依然是一个划时代的发明创造，它为二十年后的第二次世界大战欧洲各国陆军不同的发展方向奠定了基础。

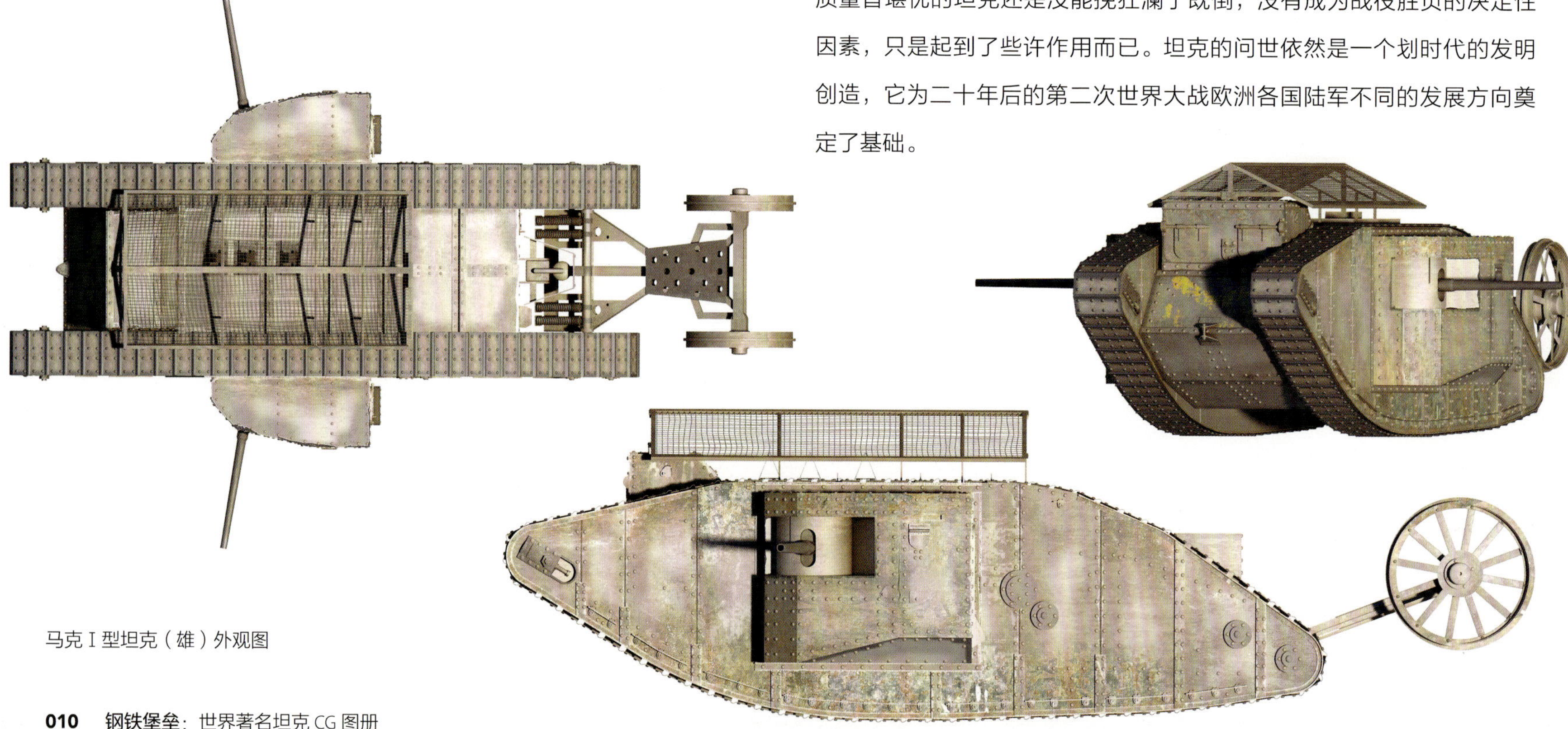
马克Ⅰ型坦克（雄）外观图

马克Ⅰ型坦克（雄）

马克Ⅰ型坦克（雄）

M4A3E8“谢尔曼”坦克

二战中坚

01 美国 M4 “谢尔曼”坦克

M4A3E8“谢尔曼”坦克

若说起第二次世界大战欧洲西线战场盟军的明星坦克，我们首先想到的就是美国 M4“谢尔曼”坦克车族。

M4“谢尔曼”坦克是第二次世界大战时美国开发、制造的坦克。这个名字并非美国自己起的，而是英军称呼的绰号，来源是美国南北战争中北军的将军威廉 · 特库赛 · 谢尔曼。1940 年 8 月，在 M3 坦克基础上大幅改进的 M4 坦克的设计工作正式展开。仅一年之后，新式中型坦克的研制工作即结束，M4 问世了。“谢尔曼”伴随着无尽的争议开始进入部队服役。

“吊篮”，可以说是“谢尔曼”坦克比较有意思的一个设计。车长、炮长、装填手在“吊篮”内一起随着炮塔旋转，这样既可以使炮长即时观察跟踪目标，又不耽误装填手的工作，还避免了装填手因身体绞入旋转的炮塔导致受伤。所以“谢尔曼”就成了三舱坦克，即前方是驾驶员和变速箱所在的驾驶室，中部为“吊篮”，尾部为动力舱。

说起动力舱，就要谈谈导致“谢尔曼”坦克屡屡被命中的发动机设置。早期“谢尔曼”坦克使用“大陆”R975 型 9 缸风冷汽油发动机，因其发动机为星型结构，所以被布置在一个圆上，这个圆的圆心输出功率相对较高。不过“谢尔曼”坦克为后置前驱设计，这就需要一根贯穿车身的传动轴去连接车体前方的变速箱，这样的设计必然导致车体高大，隐蔽性较差。通过《租借法案》运送到苏联的 M4A2 坦克使用了 GM6046 柴油发动机，这对于用惯了汽油发动机的美国人可能非常不适应，但苏联坦克兵却非常喜欢这个动力配备。苏联人对“谢尔曼”坦克方便简易的维护性和可靠性给予了相当正面的评价。

“谢尔曼”坦克从 1942 年 2 月到 1945 年 7 月共生产了 49000 余辆，数量仅次于苏联 T-34 系列坦克。数量之多，改进型号之杂史上罕见，恰恰说明美国在战前对装甲力量的重视程度不够，这从“谢尔曼”的前一个型号 M3 就可以看出。美国坦克真正走在世界前列是从 1971 年开始研制的 M1“艾布拉姆斯”坦克开始，之前的各式坦克不是在模仿别国型号就是差了半步，而且走了不少弯路，这与美国整体作战思维有很大的关系。第一次世界大战之后，各国在总结战争经验时走出了各自完全不同的道路，德国倡导闪电战，苏联慢慢形成了大纵深作战理论，而法、英、美都没有很好理解装甲兵对于部队攻击的重要性，军事作战思想依旧没有摆脱第一次世界大战时期固定阵地堑壕防守的思维。他们刻板固执地认为坦克应该以杀伤敌方步兵为己任，运动战根本不在考虑范围之内，所以战争开始前美国坦克研发方向几乎没有考虑到坦克之间的对决，装甲不厚，火力不够的缺点在战争开始时暴露无遗。

虽然美国的坦克相比苏联、德国的主力坦克有些孱弱，不过有一点非常值得肯定，“谢尔曼”坦克有一个装置是所有参战国坦克都不曾装备的“秘密武器”，这个“秘密武器”也影响了今后坦克的发展，这就是火

M4A3E8“谢尔曼”坦克

M4 坦克参数

生产日期	1941—1945 年
重量	30.3 吨
车体长度	5.84 米
宽度	2.62 米
高度	2.74 米
操作人员	5 人
主炮	75 毫米 M3 坦克炮
机枪（各改型不同有差异）	12.7 毫米勃朗宁 M2 重机枪 ×1 7.62 毫米勃朗宁 M1919 机枪 ×1
发动机	M4A1 R975 系列汽 / 柴油发动机
作战范围	190 千米
速度（公路）	48 千米 / 时

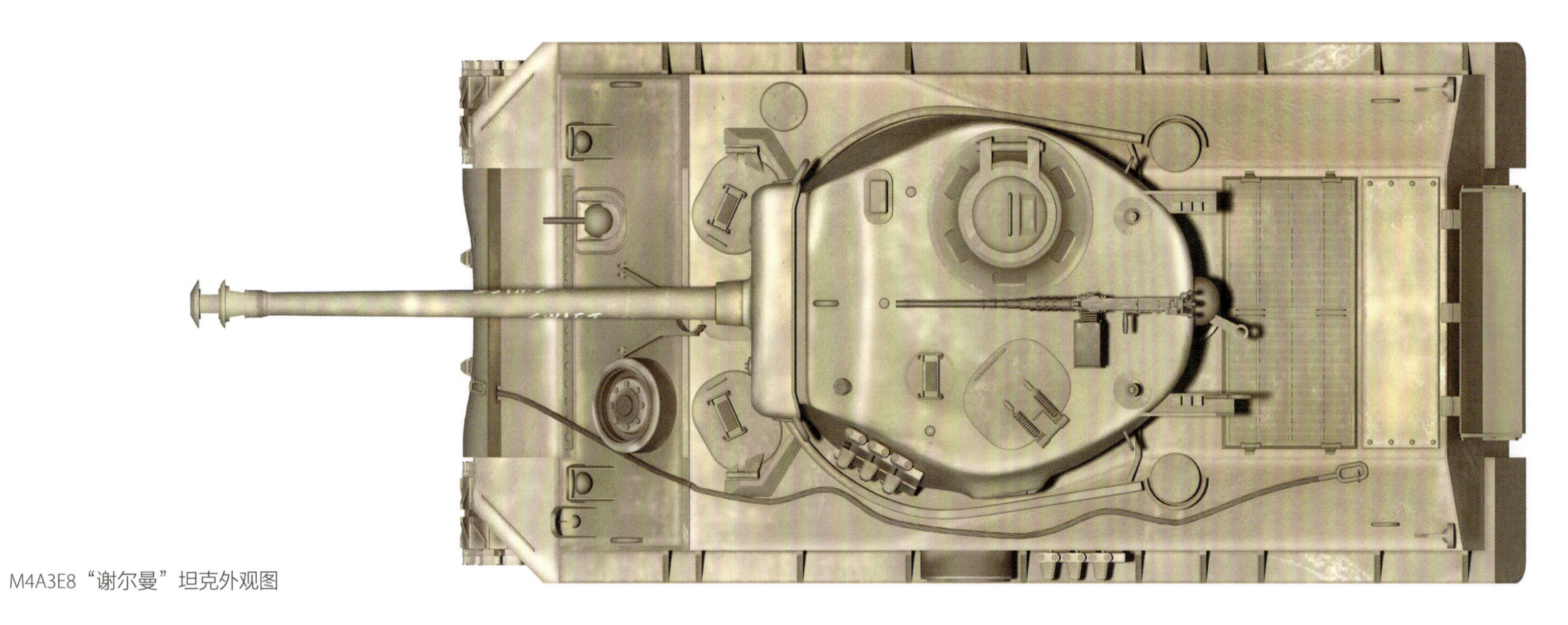

M4A3E8“谢尔曼”坦克外观图

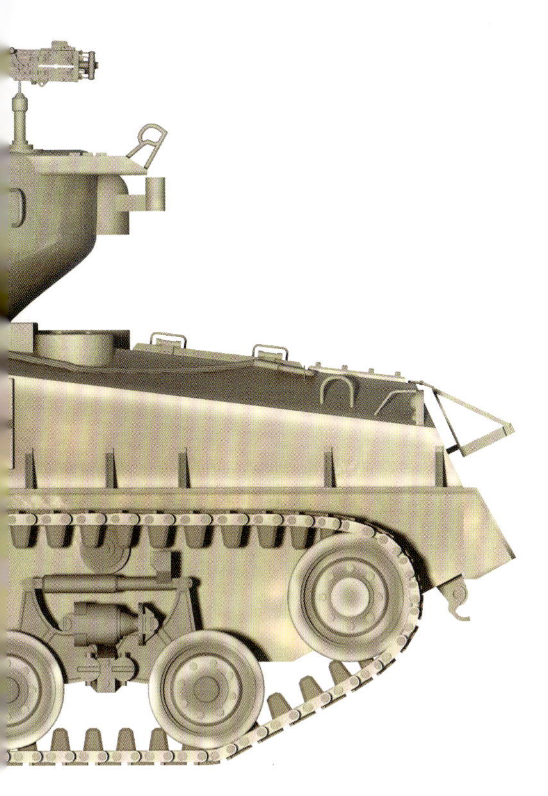

炮稳定器。“谢尔曼”坦克的火炮稳定器全称为火炮高低向稳定器，或火炮垂直稳定器。火炮垂直稳定器主要的功用是在坦克行进间需要射击时，炮长在车停下后只需要小幅度调整炮角即可射击，提高了急停射击的反应速度。而没有装配此装置的坦克需要炮手充当“人形陀螺仪”，需以精湛的操炮技术对敌瞄准，对人员素质提出更高的要求。火炮稳定器在苏联于战前就已经开始研制，但普遍认为是“谢尔曼”坦克首先应用于实战。受那个时代条件所限，火炮稳定器仅仅是个精密仪器，没有电子化的传感器等元器件，虽然精密但距离现代双稳装置还是有非常大的差距，略显原始，但在那个年代已经是伟大的装置了。

“谢尔曼”坦克动力系统早期型使用 400 马力（1 马力 ≈ 0.74 千瓦）的“大陆”R975 型 9 缸风冷汽油发动机，与 M3 坦克同款的垂直螺旋悬挂装置，最高公路时速可达 45 千米，最大续航接近 200 千米。后期型更换了水平螺旋悬挂装置，如 M4A3E8 等型号。其两条独立履带有全钢和挂胶两种，其中挂胶履带静音性更好。

综合来看，M4“谢尔曼”坦克并不是一款成功和威力强大的坦克，与苏联和德国后期新式坦克相比差距非常大，但依靠产量的优势活跃在世界各地，为世界反侵略战争的胜利做出了不可磨灭的贡献。

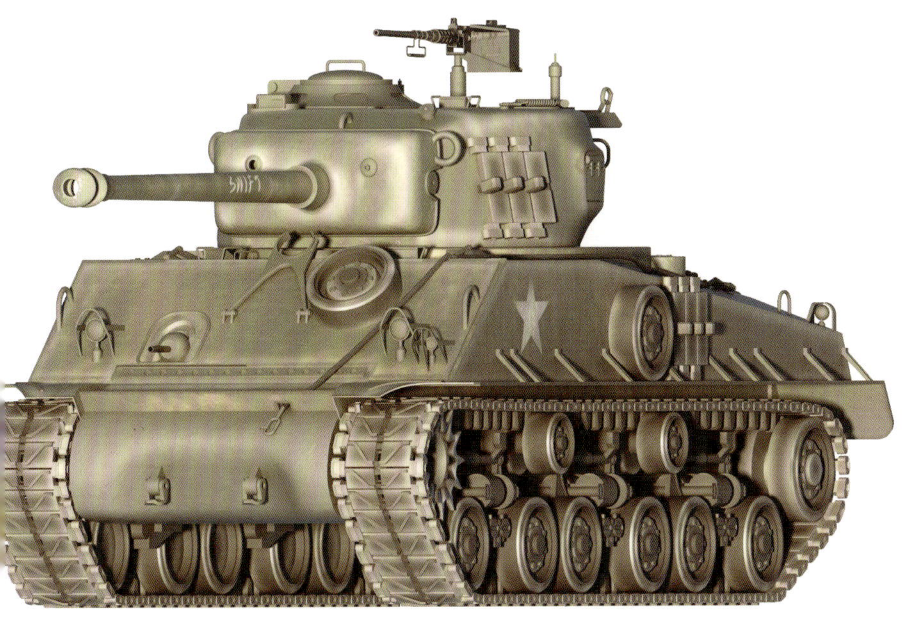

M4A3E8“谢尔曼”坦克

M4A3E8“谢尔曼”坦克

M4A3E8“谢尔曼”坦克

02 苏联 T-34 坦克

SWIFT

T-34坦克是一款苏联于二战前研发的中型坦克。苏联哈尔科夫机械制造厂于1937年开始研制，是二战中产量最大的坦克，也是二战期间苏联钢铁洪流的主要组成部分。T-34坦克首次出现在战场时，德军缺乏有效对付它的武器，而它的76毫米火炮却能轻松击毁同时期德军的主力坦克。它的出现对德军造成了很强的冲击，进而使德国加快了新式坦克的研发。随着德军对坦克的升级改造，加上虎式和豹式等坦克陆续投入战场，T-34坦克的优势逐渐丧失。为了应对发生变化的战场环境，苏联将T-34/76坦克进行了火力上的升级，为其装上一门85毫米火炮，这种T-34坦克称为T-34/85坦克。T-34坦克还拥有为数众多的衍生型号，如SU-85、SU-100驱逐战车，以及SU-122突击炮等。

二战后，苏联在很长的一段时间内都没有停止T-34坦克的生产，还将T-34坦克的部分生产线转交给自己的友好国家。目前T-34坦克逐渐淡出人们的视野，但一些第三世界国家时至今日仍在使用。虽然T-34坦克有舒适性差、制造粗糙等缺陷，但这并不影响许多军事家及学者对T-34坦克做出积极正面的评价。T-34坦克对后世的坦克设计有着深远而持久的影响。苏联于冷战期间研发的一系列主战坦克都在某种程度上继承了T-34坦克的部分设计思路。

二战初期，T-34/76是一款较成功的中型坦克，其防护、机动和火力平衡，产量大，在战争初期十分活跃。虽然受制于产品质量问题，但无疑这是当时非常适合苏联装甲力量的坦克。不过T-34/76坦克的缺点也十分明显，车长和装填手的双人炮塔给车长带来不必要的负担，不但要负责指挥车辆战斗，还要扮演炮长的角色。一边指挥战斗一边开炮射击，严重影响了作战效率。在战斗中T-34/76坦克的主炮发射速度经常落后于德国坦克，这并不单纯是坦克的问题，而是人员协调和坦克设计带来的很多麻烦所致。

前期生产的T-34坦克很少装备无线电设备，各坦克之间需要旗语甚至手势进行合作指挥，这在瞬息万变的战场局势下劣势很大。各坦克之间的协调统一没有很好贯彻，在战斗中因为指挥失灵极易造成各自为战，继而损失宝贵的装甲力量。问题和不足终于在战争后期得到了一定程度解决，亡羊补牢。1943年之后，德国虎式等新型坦克相继出现在东线战场，T-34/76坦克的主炮显得力不从心，85毫米主炮的T-34/85坦克也应运而生。

在T-34/85坦克出现之前，T-34/76坦克因为生产缺陷和战争初期苏军的混乱形势出现了许多非战斗损失。因机械故障直接丢弃的T-34/76坦克数量非常多，维护不力也给后勤造成了较多麻烦。即使如此，T-34/76坦克还是在与德国的坦克战斗中处于优势地位，德国甚至出现了所谓“T-34危机”，可见这款坦克的成功。随着时间推移，苏德双方装甲力量此消彼长，德国五号坦克可以说就是为了重新确立中型坦克霸主地位而生，T-34/85坦克也是基于此来抗衡德国坦克，T-34系列坦克八万余辆的总产量也足以弥补本身一些不足。

车辆设计方面，T-34坦克使各国坦克工程师们认识到倾斜装甲的重要性。T-34坦克60度倾斜的前装甲意味着与一般垂直装甲使用相同厚度的装甲板时，其实际防护力为垂直装甲的两倍，而且倾斜装甲更容易引起跳弹而不被贯穿，对于多种坦克炮弹有较好的防御效果。但其在一段时间里使用较为劣质的装甲影响了实际效果。因 T-34 坦克成功运用于战场，德军也意识到倾斜装甲的重要性，并在新开发的一系列坦克上应用。甚至连意大利都吸取 T-34 坦克的经验，开发出带倾斜装甲的 P40 坦克。T-34 坦克的后继者如 T-54、T-62 坦克等均具有良好避弹性能，引领了坦克设计注重避弹性能的潮流。还有一点很有趣，T-34 使多国坦克工程师们认识到宽履带的重要性。在苏德战争中，德军原有坦克的窄履带在苏联的雪地及沼泽中行军变得异常困难。德军新开发的一系列坦克上采用了宽履带，减少接地压强增加越野机动性。

二战后，苏联以 T-34 坦克为基础，研发出了 T-44 坦克和曾为多国使用的 T-54 坦克。T-34 坦克对后来的苏联坦克有着深远的影响，被苏联及盟国称为是“现代坦克的先驱”。

T-34 坦克

T-34 坦克

T-34 坦克参数

生产日期	1940—1958 年
重量	T-34/76 型 26.7 吨 T-34/85 型 32.2 吨
车体长度	6.1 米
宽度	2.9 米
高度	2.4 米
操作人员	T-34/76 型 5 人 T-34/85 型 4 人
主炮	T-34/76 型 76 毫米 F-34 坦克炮 T-34/85 型 85 毫米 D-5T 坦克炮
机枪（各改型不同有差异）	7.62 毫米 DP28 轻机枪 ×2
发动机	V-2-34 型 V 型 12 缸柴油发动机
作战范围	300 千米
速度（公路）	50 千米 / 时

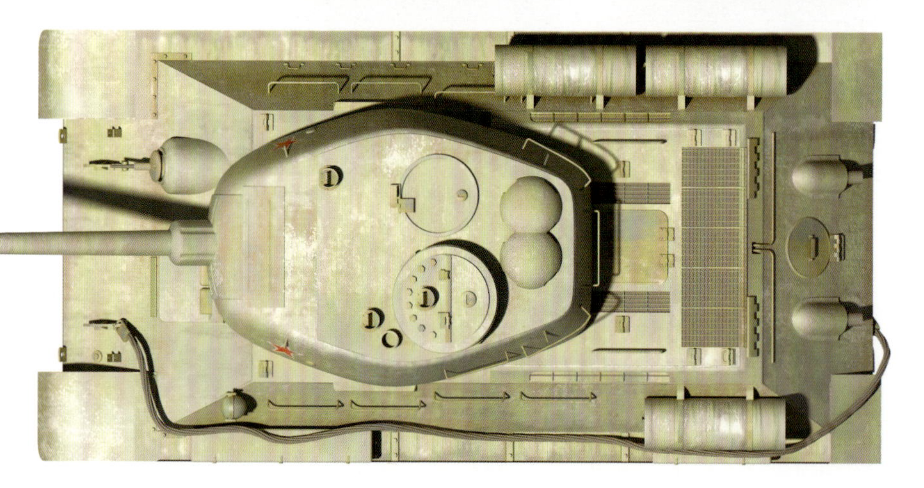

T-34 坦克外观图

T-34 坦克

M60A1 坦克

战后发展

01 苏联 T-54/55 坦克

T-54/55 型坦克是由原苏联设计的中型坦克。其原型于二战结束前的 1945 年 3 月问世，量产型则开始于 1947 年。其后，T-54/55 型坦克迅速成为苏联及华约国家的装甲主力，并出口到众多苏联的友好国家。因此，T-54/55 型坦克参加了 20 世纪后半叶的几乎所有武装冲突。T-54/55 系列坦克可说是有史以来产量最大的坦克，其总数据估计高达十万辆以上。

在苏联，T-54/55 型坦克的主力地位很快被后继的 T-62 和 T-72 坦克所代替，但在其他很多国家，T-54/55 系列坦克被沿用多年。直到今天，仍有 50 多个国家在使用 T-54/55 坦克及其种类繁杂的改型。T-54/55 系列坦克主要在中东战争中与西方坦克交手，这一型号的服役直接促成了美国 M60 坦克的诞生。

如果让人们说哪一款坦克最有名气最先进，可能会有许多不同答案，但若说谁的服役时间最长，谁的总产量最多，毫无疑问 T-54/55 坦克是唯一标准答案。起源于第二次世界大战末期，苏联与其余各国生产的 T-54/55 系列坦克和改进型号总产量至少十万辆，到目前为止还有许多国家装备 T-54/55 坦克作为陆军主战兵器。

核武器的出现使得战争有可能在核生化条件下展开，T-54 坦克开始装备核生化保护装置，并换装了 V-55 型 12 缸四冲程水冷柴油发动机，新式观瞄系统和新式防火系统等大量新技术新装置被应用于坦克之上，加厚的炮塔也没有使坦克总重量发生很大改变。这一款改良坦克相比于之前的 T-54 坦克并没有很大变化，但苏联军方还是赋予了它新编号：T-55。

T-55 坦克可以被看作是 T-54 坦克的升级改良，新名称只是某些政治考量而已，外观上几乎一致。1958 年，T-55 型坦克正式量产，同年进入苏军服役。因为 T-55 坦克量产的同时也应用此车技术升级大量的 1951 年后定型生产的 T-54 坦克，这些 T-54 坦克使用新设计优化的半蛋圆形铸造炮塔来解决携带弹药量低和存在的窝弹区问题，所以一般情况下将这两个型号的坦克统称为 T-54/55。T-54 于 1951 年之后基本构型确立，被称为 T-54-3，这个型号的坦克与后续发展的 T-55 型坦克外观上一致，仅从外观比较难分辨。T-54 坦克早期型号生产数量较少，基本属于实验性质，后期大量装备部队服役的为 1951 年后 T-54-3 构型。因为这个原因，T-54 和 T-55 坦克被统称为 T-54/55 主战坦克。

秉持苏联坦克设计制造的一贯风格，坦克的机械结构简单可靠，比较皮实。对坦克乘员的技术要求不是特别高，易于上手驾驶和操作。半蛋圆形铸造炮塔的设计大大降低了坦克的高度，在先进的长杆尾翼稳定脱壳穿甲弹未出现之时可非常有效防护多数坦克炮弹的打击，可以说战场生存概率大幅提升。虽然以现代眼光看这种炮塔非常落后，甚至原始，但讨论问题不能脱离时代，在 T-54/55 坦克的研发时期，半蛋圆形炮塔属于相当高标准高技术的产品。凡事有利有弊，即使是从那个时期来看，半蛋圆形炮塔虽然在很多方面有着天然优势，但 T-54/55 总重量 36 吨左

T-54/55 坦克

右，500 多马力的发动机也算马马虎虎。T-54 坦克改进炮塔时，在总重量限制的情况下换装新式半蛋圆形炮塔，这就导致炮塔内部弹药储备空间非常局促，且装甲厚度不足，炮弹直接挂在炮塔内壁之上，一旦被击穿极易引起弹药殉爆。虽然后期加装新式防火系统，但这完全无法抵消殉爆的风险，聊胜于无。

T-54/55 主战坦克是目前为止世界上产量最多的坦克，这使得 T-54/55 系列主战坦克不论日常维护还是战场救援等方面都有优势。

半蛋圆形铸造炮塔具有技术优势，但构型因素导致车内空间非常狭小，甚至拥挤。后期改进型号不外乎添加、更换电子设备或观瞄系统等，但炮塔结构没有办法改动，这也限制了该型坦克的现代化改装。还是因为炮塔的设计构造限制了坦克炮的最大俯角，T-54/55 主战坦克炮最大俯角仅为 -5 度，这在山区等地形作战非常不利。进入 21 世纪，现存大量的 T-54/55 主战坦克已经跟不上时代的步伐，过于老旧的设计理念让这款坦克在战场上变得非常脆弱。苏联于 1981 年开始停产 T-55 主战坦克，目前俄罗斯的 T-54/55 主战坦克处于封存状态，是否再次启用不得而知。

T-54/55 坦克最大的贡献在于开启和规划了苏联坦克的未来发展方向，这是一个开创型号。早期坦克分为轻型、中型、重型等，以重量区分。后勤麻烦的同时还无法兼顾平衡各部队战斗力。

Main Battle Tank（主战坦克）的逻辑和概念就是由 T-54/55 主战坦克率先创造的。主战坦克具有良好的机动性，同时又有较好的防护性能，火力强大，已经集成了早期中型和重型坦克的优点，将坦克以重量区分的方式被淘汰。

T-54/55 坦克

T-54/55 坦克参数

生产日期	1946—1981 年
重量	39.7 吨
车体长度	6.45 米
宽度	3.37 米
高度	2.4 米
操作人员	4 人
主炮	100 毫米 D-10 坦克炮
机枪（各改型不同有差异）	7.62 毫米 SGMT 机枪 ×1 12.7 毫米 DShK 重机枪 ×1
发动机	V-55 12 缸柴油发动机
作战范围	500 千米
速度（公路）	45 千米 / 时

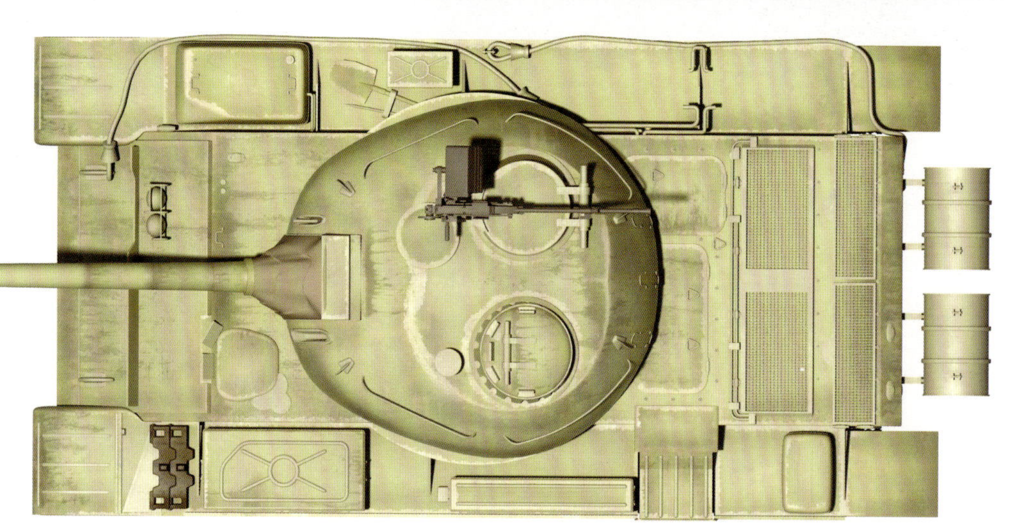

T-54/55 坦克外观图

T-54/55 坦克

02 美国 M48 坦克

M48A5 坦克

M48“巴顿 Ⅲ ”中型坦克（该坦克的名称是为了纪念美国将军小乔治·史密斯·巴顿，他在第二次世界大战期间指挥美国陆军第三集团军，这是第三代巴顿坦克）设计于 1950 年，作为新一代坦克，美国期望使用 M48 替换所有中型坦克，于 1952 年开始进入美国陆军服役。在结构上，它延续了 M46“巴顿Ⅰ”和 M47“巴顿Ⅱ”坦克的发展路线，与它们的主要区别在于装甲防护和武器。

M48“巴顿 Ⅲ ”坦克的车体是一个重达 13 吨的单体铸件。正面和侧面装甲的厚度分别为 120 毫米和 75 毫米，就算以当时的标准来看也不是很厚。该坦克采用传统布局，在车体前方的可调座椅上是一名驾驶员，他通过方向盘、变速杆和制动踏板控制坦克。与坦克的车体一样，炮塔由单一铸件制成，全重约 6.3 吨。炮塔正面装甲最大厚度为 152 毫米。M48“巴顿 Ⅲ ”坦克的主要武器是一门 90 毫米的 M41 坦克炮。炮管内有一个可以方便更换的插入衬管。为了将火炮更好地瞄准目标，使用了电动液压和手动驱动方式，坦克车长和炮长都可以发射炮弹。

炮塔两侧的半球形装置是横贯整个炮塔的火炮测距仪，早期使用 T46 测距仪，后期在 M48A2C 型坦克上换装了 M13 测距仪，最大测距距离 4400 米，放大 10 倍。测距仪将数据传回计算仪，然后炮长可根据相应数据进行精确射击。测距仪安装后，车长不必钻出炮塔使用望远镜目测目标，安全性大幅提升。其测距仪横穿炮塔，使得宽度很大，测距仪两个镜头距离越远效果也越好，这也是 M48 系列坦克都是“大头怪”的其中一个原因。

该系列坦克采用整体铸造炮塔和车体，车体前部为船形，内有焊接加强筋，车体底甲板上有安全门。车体分前部驾驶舱、中部战斗舱和尾部动力舱，动力舱和战斗舱间用隔板分开。驾驶员位于车体前部中央，舱盖前部装有三具 M27 潜望镜，在驾驶员舱口转台上装有一具 M24 夜间驾驶双目红外潜望镜。车上有四个红外车灯，视距 200 米，大多数车型还在主炮上方安装了红外 / 白光探照灯，最大作用距离是 2000 米。

炮塔内乘员三人，车长和炮长位于火炮右侧，炮长在车长前下方，装填手位于火炮左侧。炮塔内后顶部有圆顶型通风装置，炮塔尾部有储物筐篮。车体前部有推土铲安装支座，M48、M48A1 坦克装有 M8 推土铲（重 3980 千克），M48A2、M48A3 和 M48A5 坦克装有 M8A1 推土铲（重 3810 千克）。M48 坦克无需准备即可涉水 1.2 米，装潜渡装置潜深达 4.5 米。在潜渡前，所有开口均要密封，在发动机格栅右后位置竖立潜渡通气筒，潜渡时需要打开排水泵。M48 坦克后期型号还有一个置于炮塔顶端右侧的车长指挥塔，使原本很高的车高又增加了一截。指挥塔配备一挺 12.7 毫米机枪，乘员不用探出身体即可使用。但这个车长指挥塔防护力较差，视野也没有人员探出观察时好，仅是为了适应核生化战争中密闭问题的需要。

M48A5 坦克

M48“巴顿 Ⅲ ”坦克装备的是大陆公司的 12 缸 V 型汽油发动机 AV-1790—5V/7/7V/7C（各型号有所不同），使用带有液压减震器的独立扭杆悬架。车体的每一侧都有六个成对的负重轮，配有橡胶轮圈。履带的上部由五个滚轮支撑。M48“巴顿 Ⅲ ”坦克的内部设备包括针对大规模杀伤性武器的防护装置（三防），还安装有通信设备和坦克对讲机。

美国一共生产了约 11708 辆 M48 坦克，主要在美国服役，并供应给除德国和希腊外的北约伙伴，数量相对较少，北约军队主要装备的是 M47 坦克。自 20 世纪 60 年代以来，M48 坦克一直积极出口到美国盟国和中立国家，并在 20 余个不同的国家服役。美军主要在越南战争中使用 M48“巴顿 Ⅲ ”坦克，除此之外，其他国家在一些局部冲突中也使用过 M48 坦克。主要是在 1967 年和 1973 年的第三次和第四次中东战争中。M48 坦克在 1987 年从美国退役，截至 2015 年，大约一半的 M48 坦克都升级到 M60 级别，尽管它们已经过时，但仍在许多国家服役。

M48A5 坦克

M48A5 坦克参数

生产日期	1952—1959 年
重量	49.6 吨
车体长度	6.7 米
宽度	3.65 米
高度	3.1 米
操作人员	4 人
主炮	M41 90 毫米坦克炮（M48~M48A4）
机枪（各改型不同有差异）	12.7 毫米勃朗宁 M2 机枪 7.62 毫米 M73 机枪
发动机	大陆公司 12 缸 V 型汽油发动机
作战范围	460 千米
速度（公路）	51.5 千米 / 时

M48A5 坦克外观图

M48A5 坦克

03 美国 M60 坦克

M60A1 坦克

M60 主战坦克是 M48 坦克的升级改进型号，即“巴顿”系列坦克最后的型号。在美国陆军最新三代坦克问世之前，M60 主战坦克一直是撑起美国陆军的保护伞。

虽然 M60 主战坦克是“巴顿”系列坦克的延续，但“巴顿”从未是它的官方名称，其正式名称为 105 毫米炮主战坦克 M60（105mm Gun Full Tracked Combat Tank M60）。官方名称没有“巴顿”，也不是“巴顿 Ⅳ”型。这与美国著名验证机 YF-23 类似，官方从未给予“黑寡妇 Ⅱ ”的称呼，但其大名仍广为流传。约定俗成下来几十年，称呼其为“巴顿”没有对错之别。

M60 主战坦克是美国第一款主战坦克，M60 主战坦克于 1962 年起在美国陆军服役，1962 年至 1980 年是美军装甲部队最重要的坦克。这期间美军曾发展出数款改良型，至 1980 年后因 M1 主战坦克的服役而逐渐退出第一线单位，到 1991 年冷战结束后，美军因规模缩减而将 M60 主战坦克全数退役，但至今还有多国仍在使用 M60 系列主战坦克。

M60 主战坦克开发始于 20 世纪 50 年代中期，当时美国陆军的坦克以轻型坦克（M24、M41）、中型坦克（M47、M48）和重型坦克（M103）三种级别来区分，分别配发给轻、中和重装甲营，这种分类方式显然早已不适合冷战开始后的新形势。有些坦克已太老旧，如第二次世界大战时的 M24 轻型坦克，有些在开发时急于投入服役，导致测评过程充满瑕

M60A1 坦克

疵，如 M47 中型坦克，即将服役的 M103 重型坦克体型庞大却机动性不足。过多的属性和分类，以及过多的弹药口径，也对后勤补给体系造成沉重负担。1956 年匈牙利危机后，苏联出动坦克镇压，英国领事馆得到千载难逢的机会检视苏联最新式的 T-55 主战坦克，西方国家由此得到可靠情报，几乎可确定苏联主战坦克装甲厚度等同 200 毫米滚轧均质钢，且配备 100 毫米口径炮。在 20 世纪 50 年代，西方国家轻型坦克配备的 76 毫米炮无法在正常交战距离击穿 T-55 主战坦克的 200 毫米装甲，即使是中型坦克的 90 毫米炮也相当勉强，T-55 主战坦克的出现迫使西方盟国提升坦克的火力配备及加快坦克的汰旧换新。

1957 年，美国陆军参谋长马克斯维尔 · 泰勒发布主战坦克发展策略计划，以单一类型的主战坦克取代轻型、中型及各种等级与不同重量的坦克。美军驻欧部队及北约国家在坦克数量和质量都被以苏联为首的华沙公约（华约）国渐渐拉开，美国决定以现役坦克为基础尽快开发一款主战坦克。在选取开发方案时军方要求能够抗衡苏联 T-55 主战坦克，目前可选择的现有型号有 M103 重型坦克，该坦克虽然火力较强且装甲厚实，但发动机动力并不匹配其体积和重量，即使在平整路面的最高时速也仅有 34 千米 / 时，M103 重型坦克的机动性明显不符合进行快速突破的要求，且该车的造价和操作成本都太高，无法满足更新改造要求，更

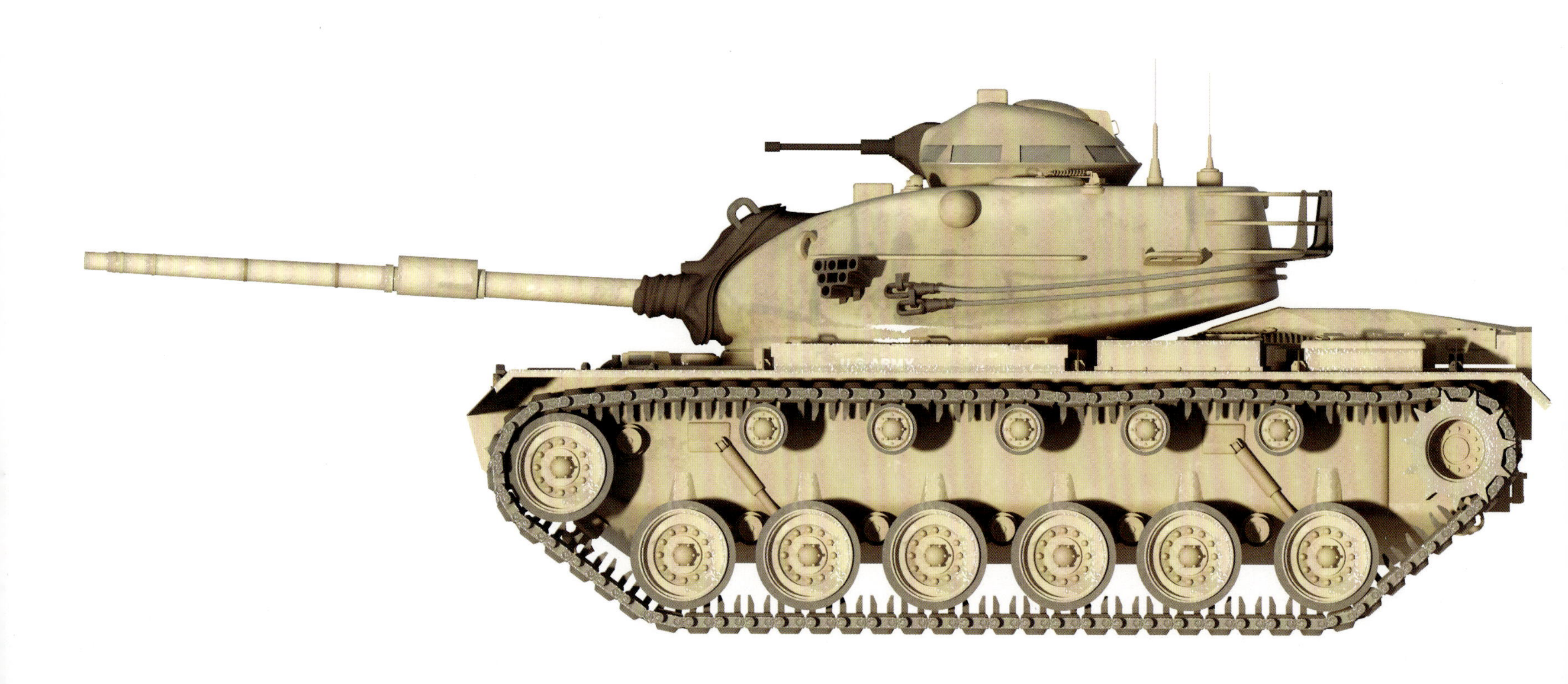

M60 坦克参数

生产日期	1960—1983 年
重量	45 吨
车体长度	6.94 米
宽度	3.6 米
高度	3.1 米
操作人员	4 人
主炮	M68 105 毫米线膛炮
机枪（各改型不同有差异）	12.7 毫米 M85 重机枪 ×1 7.62 毫米 M240 同轴机枪 ×1
发动机	大陆 AVDS-1790-2 V12 双涡轮气冷式柴油发动机
作战范围	500 千米
速度（公路）	48 千米 / 时

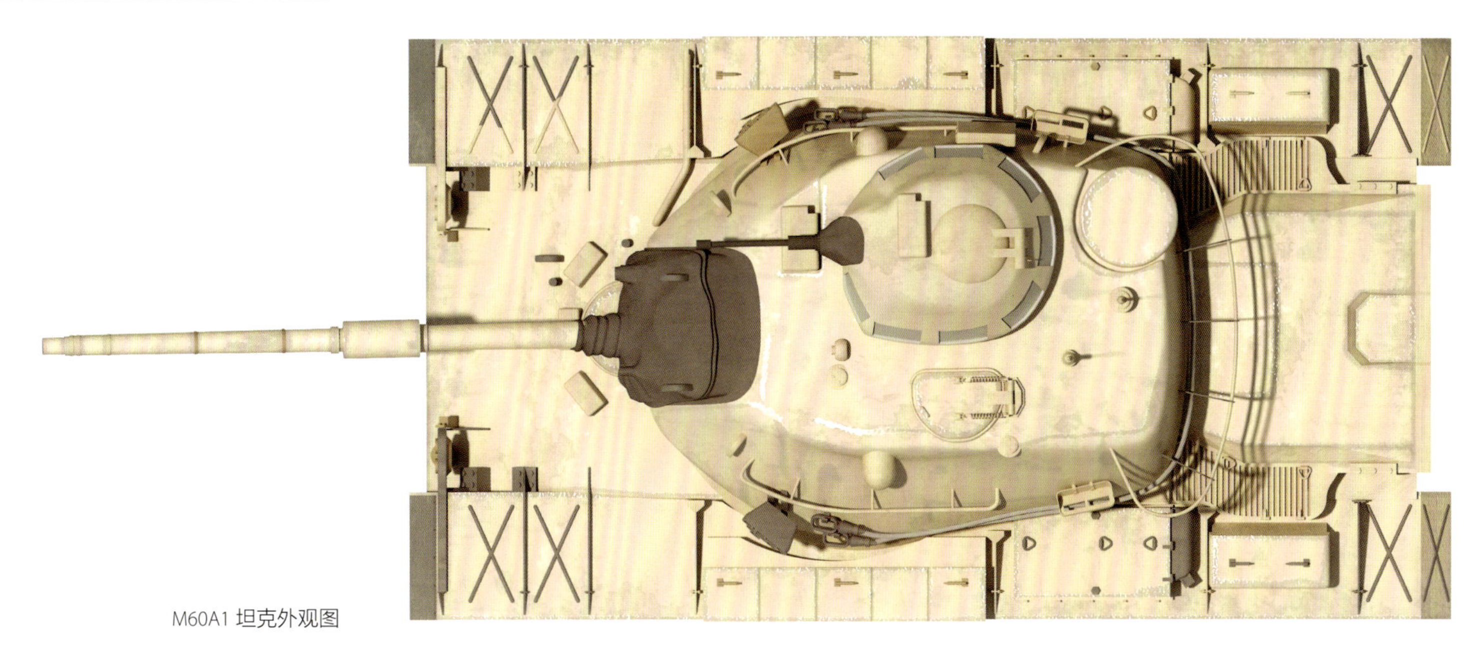

M60A1 坦克外观图

M60A1 坦克

无法在欧洲平原上与海量苏制新型坦克抗衡。当时只有一种稳妥方案，那就是开发改进 M48 中型坦克，由于 M48 坦克仍在量产，而且生产和后勤维护都可使用现有设施，且该车系还有大量后勤物资可供使用，无论在生产、训练和后勤都可实现无缝交接，遂成为美军的不二之选。美军决定改良 M48 为主力坦克后便中止了其余未上马新式坦克的开发计划。

对于改良 M48 成为新坦克的方案，美军的首要任务是提升火力，因此要将 M48 坦克原有的 M41 型 90 毫米线膛炮换成从英国引进的 L7 坦克炮并进一步改良成为 M68 型 105 毫米线膛炮。除火炮外，另一个重点是改用柴油发动机取代汽油发动机，柴油发动机不但可延长行车距离，而且安全性较佳，由于 AVDS-1790-2 气冷双涡轮 V 型 12 汽缸柴油发动机是由 M48 坦克沿用的 AVSI-1790-6 气冷双涡轮 V 型 12 汽缸汽油发动机发展而成，而且新坦克是改良自 M48 坦克，所以这款柴油发动机被美军选用。

美军 M60 主战坦克的进一步发展计划在 1988 年被取消，相较于 M1“艾布拉姆斯”主战坦克，M60 主战坦克已经过时陈旧，不合时宜。1991 年海湾战争期间，美国 M60 坦克正面对抗伊拉克装甲部队的苏制 T-54/55、T-72 主战坦克。据美军战后报告，美国海军陆战队的 M60A1 主战坦克摧毁了一辆 T-72 主战坦克。随着 M1 主战坦克的服役，M60 主战坦克的进一步发展已经停止。随着美军部队开始从装备 M60 主战坦克向 M1 主战坦克过渡，同时美国陆军预备役部队和国民警卫队也在升级，他们的 M60A1 主战坦克被出售或捐赠给盟国。

“豹”2A6 坦克

德国“豹”2坦克

01 “豹”2 坦克的风采

“豹”2A4 坦克

“豹”2A4 坦克

“豹”2A4 坦克

“豹”2A4 坦克外观图

“豹”2A5 坦克

“豹”2A5 坦克

“豹”2A5 坦克

“豹”2A6坦克

“豹”2A6 坦克

“豹”2A6 坦克

“豹”2A6 坦克

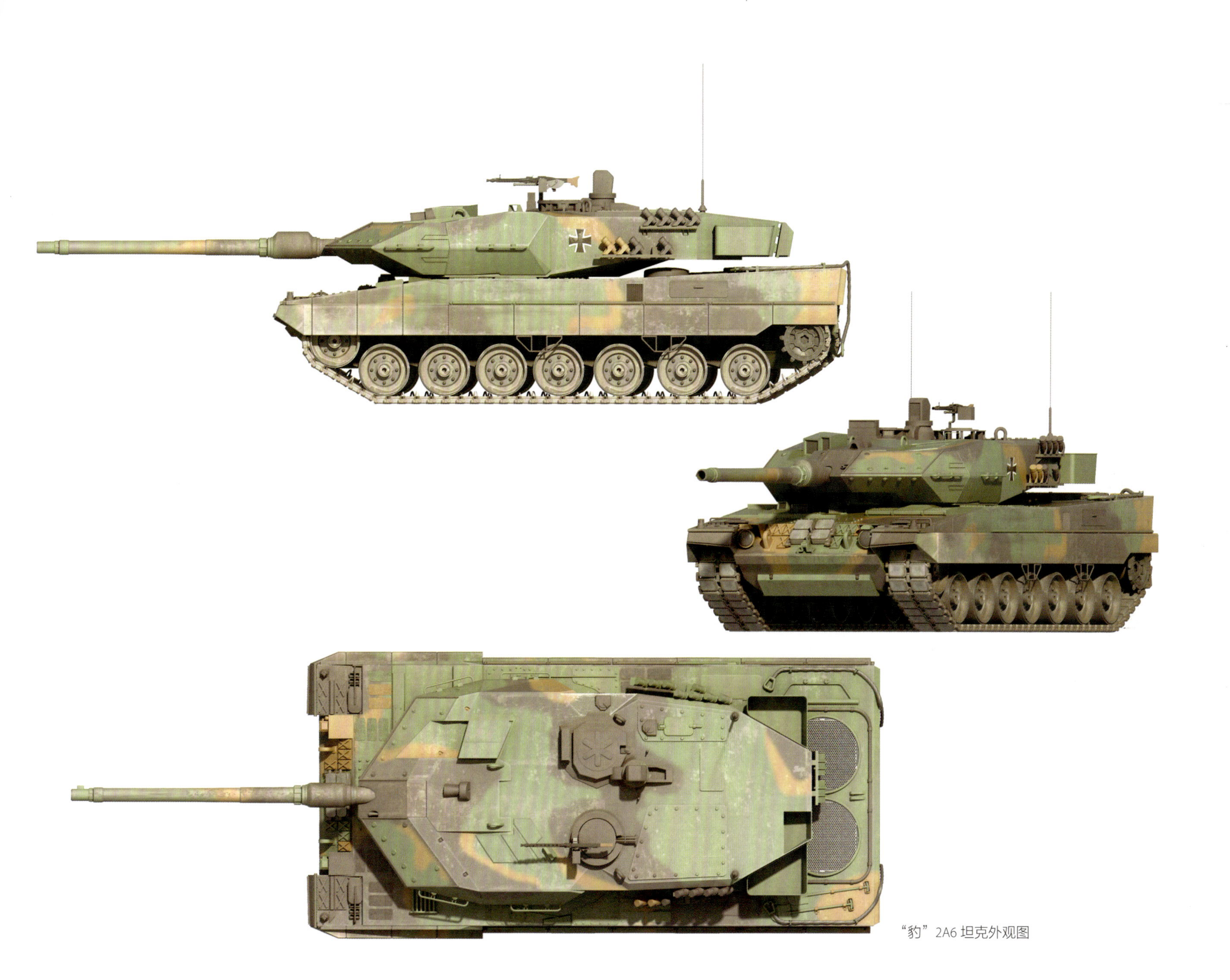

“豹”2A6 坦克外观图

“豹”2A7+ 坦克

“豹”2A7+ 坦克

“豹”2A7+ 坦克

“豹”2A7+ 坦克外观图

“豹”2PSO坦克

02 “豹”2 坦克概述

德国“豹”2 主战坦克的历史要追溯到 20 世纪 60 年代，由德国克劳斯 · 玛菲公司开始设计，主要技术源于当时的西德和美国的 MBT-70/KPZ70 计划。

1970 年，该计划因达不到两国军方的要求而流产。西德在原计划的基础上重新设计了车体、炮塔和火炮，发展成为“豹”2 主战坦克。1977 年，德国选定克劳斯 · 玛菲公司为主承包商并签订了生产“豹 2”主战坦克的合同。这之后美（西）德双方各自发展新一代主力坦克，但两国仍保持技术交流，并改为次系统及零部件层面的合作。西德“豹”2 主战坦克的射控系统便是与美国休斯公司合作开发，因此其系统设计及操作方式都与 M1 主战坦克甚为相似，“豹”2 主战坦克所配备的热成像夜视仪也是由美国德州仪器公司开发并授权蔡司公司在西德境内生产。西德莱茵金属 Rh-120 滑膛炮被美国选用安装在 M1A1 主战坦克之上以提升火力。

“豹”2 主战坦克的主要特点是在当时的西方国家中率先使用了莱茵金属公司研制的 120 毫米滑膛炮，炮管长 5.3 米，电渣重熔钢制成，装有热护套和抽气装置。炮管系用自紧工艺制造，内膛表面经镀铬硬化处理，从而提高了炮管的疲劳强度、磨损寿命和防腐蚀能力。该炮使用尾翼稳定脱壳穿甲弹和多用途破甲弹两种弹药。“豹”2 坦克装备 1500 马力的柴油发动机、液压传动系统、高效能冷却系统和指挥仪式火控系统。成为西方国家 20 世纪末、21 世纪初的主力坦克，多次在加拿大陆军杯（CAT）比赛中夺冠。“豹”2 主战坦克的设计思想影响了多个国家坦克的设计。

截止到 20 世纪末，“豹”2 主战坦克共生产了约 3100 辆。装备的国家除了德国以外，还有荷兰、瑞士、瑞典、西班牙、丹麦、挪威、奥地利、波兰、土耳其和新加坡等。由于在欧洲除了英国、法国和意大利之外都使用“豹”2 主战坦克，使它获得了“欧洲豹”的美誉。

“豹”2 基本型

“豹”2 坦克第一正式版有时也称“A04”，以区别于其他，指本系列第一款。此款在 1979 年 10 月到 1982 年 3 月之间生产，总计 380 辆。需要说明的是“豹”2 坦克一开始并未使用陶瓷复合装甲，而使用自行开发的氧化铝孔隙复合装甲。但是并不代表设计者没有能力，而是认为提高防穿能力比防破能力更重要，加上出于成本和减重考虑而决定的。在“豹”1A3 坦克后开始使用陶瓷装甲，“乔巴姆”装甲加强的是防破能力，因此与防穿能力提高无关，而且后来的“豹”2 坦克安装的是自行研发的陶瓷复合

“豹”2PSO 坦克

装甲，因此“乔巴姆”装甲的用户仅限于英国“挑战者”系列和美国 M1 系列主战坦克。

“豹”2AV 坦克

1973 年，西德与美国开始洽谈一项合作计划 ，打算就新一代主战坦克进行合作。基于与美国的合作计划，西德方面开始大幅修改“豹”2 坦克的设计，炮塔重新设计，强化整体防护能力，引进新型复合装甲，重量则大幅增加。被送往美国测试的“豹”2 原型车称为“豹”2 简化版（AV）。

最初西德预计让“豹”2AV 与美国 XM1 计划优胜者的原型车一同接受测试，但由于“豹”2AV 的研发耗时超出预期，所以由克莱斯勒研发的 XM1 原型车首先接受测试。1976 年 8 月底，西德终于将“豹”2AV 原型车送至美国陆军的亚伯丁测试场与 XM1 一同进行性能评比，测试持续至该年 12 月。最后，美国陆军认为在机动力、火力方面，“豹”2AV 与 XM1 表现得不分伯仲，但 XM1 在防护力上略胜一筹，因此美国陆军选择了自家的 XM1 成为其陆军新一代的主战坦克，即日后的 M1 系列主战坦克。之后，“豹”2AV 原型车被运回西德进行后续的测试。

“豹”2A1 坦克

此型包含一些小改良和加入了炮长热感应瞄准仪，第二批“豹”2 坦克被命名为“豹”2A1，共生产 450 辆。1982 年 3 月到 1983 年 11 月间生产完毕。两大改进是使用了 M1 系列主战坦克同等级装甲和重新设计的过滤器以减少加油时间。第三批共 300 辆，在 1983 年 11 月到 1984 年 11 月间生产完毕，比上一批有更多的小修正。

“豹”2A2 坦克

此型是为了升级第一批次的早期“豹”2 坦克而生，后来也连带升级了第二、三批次。首先逐步换装了第一批的观测镜，并可以使用主炮发射反坦克导弹。还换装了前油箱使其可以分开加油，增加核生化防御力。升级案在 1984 年开始，于 1987 年结束。第三、四、五批也都升级到同样的标准。第一批老“豹”2 坦克的升级版 A2 有个最容易辨认的外观特点，就是原本旧式火控系统的风向感应器被移走后换了一片圆形盖板。

“豹”2A3 坦克

第四批生产的 300 辆坦克主要变更是增加了 SEM80/90 数字无线电套件，原本设置于炮塔侧面弹药的再装填舱口被取消。

“豹”2A4 坦克

最大规模生产的“豹”2 家族成员，A4 构型包含许多实质改变，包含自动灭火防爆系统，全数字火控电脑支援新型弹药。“豹”2A4 坦克分成八批于 1985 年到 1992 年间生产。所有更老版本的“豹”2 坦克也都升级成了 A4 标准。德国共有 2125 辆“豹”2A4 坦克（695 辆新生产，其余都是升级），荷兰有 445 辆。德国许可瑞士自行生产的“豹”2A4 坦克称为 Pz87 主战坦克。此版包含瑞士自己的机枪和通信设备，和改良版核生化防护套件。瑞士共有 380 辆 Pz87 坦克。

Pz87WE 坦克是瑞士 Pz87 的升级版。加强了许多防护方面的能力，甚至加装了“豹”2A6M 等级的防地雷底盘，也加强前方斜面装甲块，炮塔换装成瑞士研发的钛合金装甲。其炮塔上方装甲和烟雾发射器也有修改，可以说更大程度提升了生存力和战力，炮塔的电动转向装置升级成类似“豹”2A5 坦克的设计，驾驶舱还有后视摄影机，指挥管制系统和火控系统也有所升级，都采用了蔡司光学 GmbH PERI-R17A2 火控模组。装填手还可操作一座独立遥控武器站，装备有 12.7 毫米 M2 重机枪，钛钨合金装甲炮塔。在最初的测试中，“豹”2A3 和 A4 坦克承受住了东德的 T-72 坦克在 1500 米远的射击，而 T-72 坦克却被 105 毫米炮在 1500 米上击毁。据 2002 年的波兰《新军事技术》安德鲁·金斯基的“豹”2 坦克防护测试所述，亦证明苏制 125 毫米穿甲弹只有在 1 千米内才能击穿“豹”2A3/A4 坦克的正面，有一辆“豹”2A4 坦克曾在测试中被苏制 125 毫米主炮于 1200 米距离命中车体，但该车仍可运作。

“豹”2A5 坦克

此型增加了炮塔顶端和前方的装甲，改良指挥和火控系统，有着不同形状的置物箱以及更厚的乘员舱盖。

“豹”2A5 坦克的布局实际上与之前修改的“豹”2 坦克的布局相同。主要的改进是:

车长的潜望镜热成像瞄准镜安装在塔顶，其图像传输到炮长的显示器。这使得车长和炮长可以在所有天气条件下向目标开火，还可以进行集体搜索，车长监视器可以显示炮长瞄准镜图像。

安装新的全电动火炮控制系统替代液压系统，这种全新的全电动系统不仅更安静，而且更易于维护，消耗的电能更少。

改进了正面区域的装甲保护。炮塔的正面有一个特殊的楔形，这显著提高了防护能力。

炮的内部装有衬里以防御破甲碎片。

车体侧面由复合装甲制成。

可以移除的外部安装的装甲板，并可更换为具有更高防护等级的装甲模块。

向右滑动的新驾驶员舱盖。

在车体后部安装驾驶员监视器和热成像摄像机，以确保坦克在倒车时的安全移动。

一种基于光纤陀螺仪技术的混合导航系统，具有 GPS 校正功能。为坦克指挥官提供在任何战斗情况下控制车辆的能力。

升级激光测距仪的数据处理器。

“豹”2A6 坦克

该型主武器改为 120 毫米 L55 滑膛炮和许多其他改良。所有德国“快速反应部队”的坦克营都装备了“豹”2A6 坦克。

“豹”2A6M 坦克是新版的“豹”2A6 坦克，提升了底盘防地雷能力和增强了许多车内设施以增强乘员生存力。加拿大从德国借了 20 辆“豹”2A6M 坦克，在 2007 年夏末部署在阿富汗。此时所有此型的坦克都已经是电动式旋转炮塔。

“豹”2A6M CAN 坦克是一种加拿大变型版的“豹”2A6M 坦克。重要变更包含炮塔上部一个黑色箱型物体，原本是预计安装空调，后来改成安装通信模组，还有其外挂的防 RPG 火箭栅栏装甲也可说是外观上最大的不同。

新式 120 毫米 L55 滑膛坦克炮使用最新的 DM53 120 毫米穿甲弹和可分离的前导部件 (APFSDS-T)，它使用非贫铀核心，使“豹”2A6 坦克在 1600 米之处有更好的装甲穿透特性。

L55 坦克炮的炮管比“豹”2A5 坦克炮长 1.3 米，初速增加，尤其是在使用最新的 APFSDS-T 弹药类型时，具有更多的发射药和更重的弹丸。

根据技术文件，120 毫米 L55 火炮的膛室几何形状与现代火炮和压力限制相对应。这意味着使用新的 120 毫米 L55 火炮可以发射所有现代 120

“豹”2PSO 坦克

毫米炮弹。

根据德国莱茵金属公司的说法，可以对 120 毫米 L55 火炮进行两项额外的改进。首先，后膛可以用与炮管相同的钢材制成，这将增加火炮的压力。其次，120 毫米 L55 火炮的设计允许在更长的炮管长度上承受更高的压力负荷。因此，新炮管为更高的内部弹道做好了准备，有望在使用更先进的弹药中显示其优势。德国莱茵金属公司正在开发一种新的模块化高爆破片（HE-T）炮弹，该弹药射程可达 5000 米，比现代 HEAT-MR-T 炮弹（带示踪剂的多用途累积反坦克炮弹）具有更高的精度和更好的目标破坏效率。

使用第五代 APFSDS-T DM53 穿甲弹可充分发挥“豹”2A6 主战坦克的潜力。这种穿甲弹在德国、瑞士和荷兰服役。后续为德国地面部队投入生产的是 DM-63 穿甲弹。

“豹”2PSO 坦克

“豹”2PSO（和平支援行动）坦克，此型号是专门为维和行动中越来越频繁的巷战设计的。“豹”2PSO 坦克具有更好的全方位防护，配备了遥控武器系统、改进的侦察设备、推土铲、短炮管（牺牲射程以在城市街道上机动）、低致命武器、近距离监视摄像系统、探照灯等装备，以提高其在狭窄地带的生存性和机动性。这些特点与美国 M1A2 主战坦克的城市生存套件相似。

“豹”2A7+ 坦克

该型 2010 年首次对外公开展出，是德国陆军“坦克全谱作战改进计划”的衍生品。采用模块化设计，可根据任务要求快速更换不同的任务组件，适用于坦克对战、城市作战与低烈度非对称性战争。

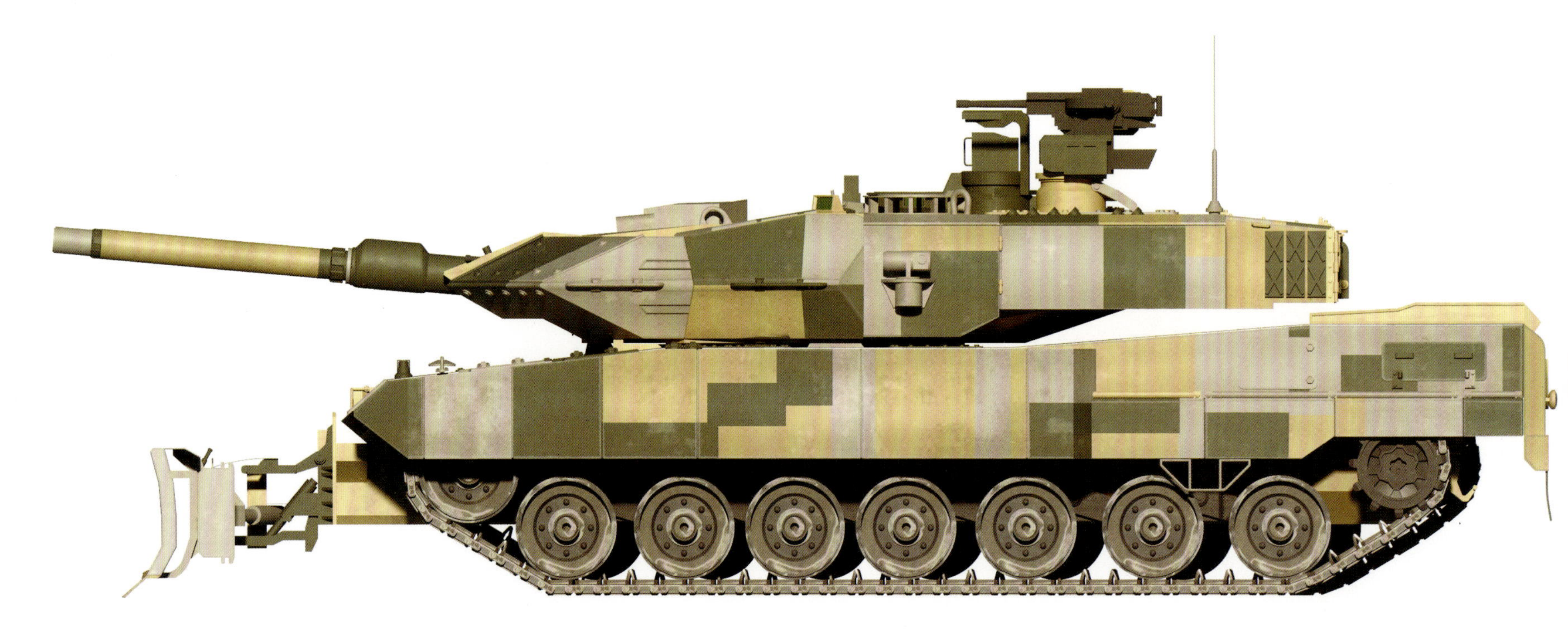

豹 2 坦克参数

生产日期	1979 年至今
重量	62.3 吨
车体长度	7.69 米
宽度	3.7 米
高度	2.79 米
操作人员	4 人
主炮	120 毫米 L44 型或 L55 型滑膛炮
机枪（各改型不同有差异）	7.62 毫米 MG3 通用机枪 ×1
发动机	MTU MB 873 型 12 汽缸柴油发动机
作战范围	550 千米
速度（公路）	70 千米 / 时

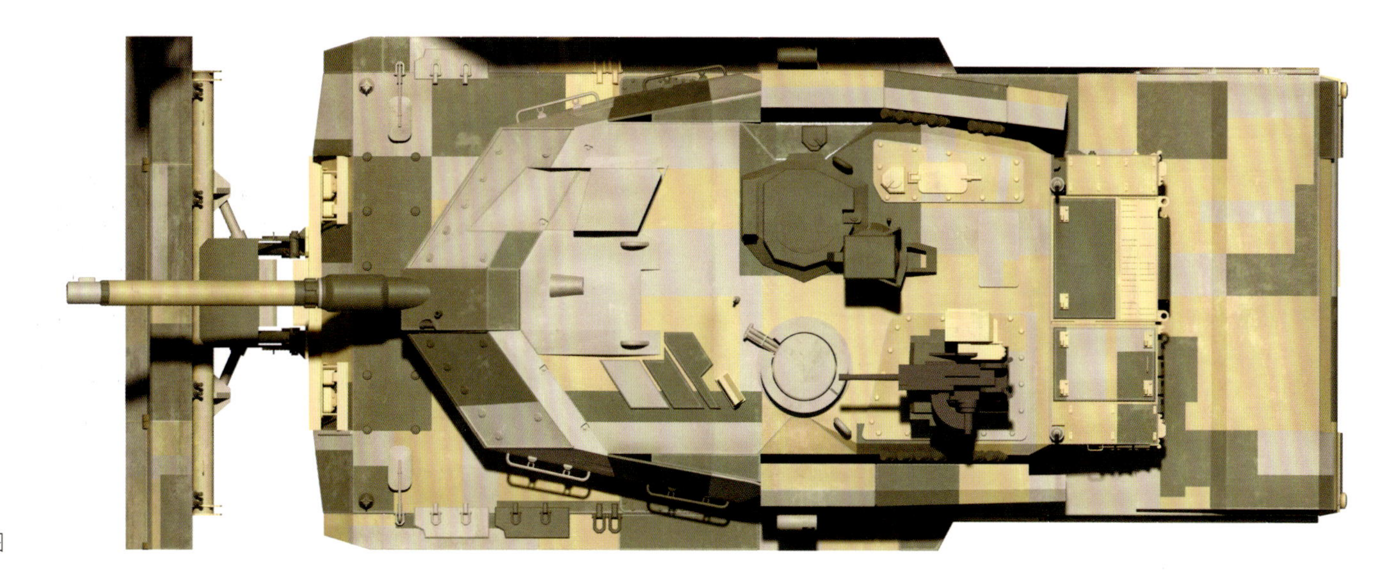

“豹”2PSO 坦克外观图

M1A2 SEP V3 坦克

美国 M1 “艾布拉姆斯”系列坦克

01 M1A1 坦克

M1A1“艾布拉姆斯”主战坦克

M1“艾布拉姆斯”主战坦克车族的历史要追溯到1963年，东西方冷战巅峰时期，美军M60“巴顿”系列坦克面对苏联新式主战坦克已经开始显得力不从心，美军新式主战坦克的研制也提上了日程。1963年8月1日美国和德国开始联合研制适用于新形势下的主战坦克，即MBT-70。1967年10月美德双方各自推出样车，后因两国在设计上存在分歧，加之成本较高，联合研制计划终于1969年年底破产。随后美国在MBT-70基础上开始研制新的XM803坦克，于1970年制成样车，但仍因该车结构复杂、成本过高等原因，于1971年年底被国会否决。

吸取了MBT-70和XM-803两款坦克研制失败的教训，研制新式主战坦克初期就严格控制了设计制造成本，并力图达到提高性能的要求，新主战坦克被称为XM1。美国陆军提出的19项设计要求中，特别强调了乘员的生存力，其次才是观察和捕捉目标能力及首发命中率等。提高乘员生存力的重要性体现了现代主战坦克的发展趋势，为此XM1主战坦克设计采用了新的防护配置和现代化火控系统。根据1973年10月中东战争经验，对设计要求又做了部分修正，如要求增大战斗行程、加强侧面防护、改进车内弹药储存等。1973年1月陆军参谋部正式批准特别任务小组提出的XM1研制大纲，6月美国陆军分别与通用汽车公司和克莱斯勒公司签订了研制样车合同。1976年1月底两辆样车制造完成，并在阿伯丁试验场进行对比评价试验。

1976年11月12日美国陆军宣布克莱斯勒样车获胜，并与之签订了制造11辆样车的合同，从而开始了该主战坦克的全面工程研制，于1979年11月完成，历时36个月。在此期间，克莱斯勒公司为美国陆军制造了11辆样车，于1978年2月开始对样车进行第二阶段的性能试验和使用试验，包括在各种气候和模拟战场条件下试验，试验内容主要有机械拆卸和维修、各种机动性试验、武器试验和环境试验等。

1979年5月，美国陆军决定试生产XM1主战坦克110辆，在利马坦克厂制造，1980年2月完成头两辆生产车。为纪念原美国陆军参谋长，第二次世界大战中著名的装甲部队司令艾布拉姆斯将军，这型主战坦克被命名为“艾布拉姆斯”主战坦克。1984年美国陆军把M1主战坦克的计划生产总数提高到7467辆（其中4199辆M1A1）。为提高生产率和产品质量，两个坦克厂对生产设备和生产工艺进行了较大的改进，1984年初月产量达70辆。M1主战坦克的生产于1985年2月全面结束，共制造了2374辆，以后转向生产改进型M1主战坦克和装120毫米滑膛炮的M1A1主战坦克。1988年春季，美国陆军曾考虑把该系列主战坦克的生产总数提高到12000辆，以取代所有M60系列坦克。

M1主战坦克有四名乘员。车体前部是驾驶舱，中间是战斗舱，后部是动力舱。驾驶员位于车体前部，舱内配有三具整体式潜望镜。关窗驾驶时，驾驶员半仰卧操纵坦克，夜间驾驶时可把中间的潜望镜换成AN/VVS-2微光夜间驾驶仪。驾驶员两侧是用装甲板隔离的燃料箱和弹药。旋转炮塔位于车体中央，其外形特点是低矮而庞大，几乎与车体一样宽。

该扁平型炮塔和车体大都采用焊接件，这主要是接受了第四次中东战争的教训以及铸造件生产效率低的原因。车体上主要铸件只有三块，其他部分都用装甲钢板焊接而成。炮塔和车体各部分的装甲厚度不等，最厚达 125 毫米，最薄为 12.5 毫米，相差十倍。首上装甲钢板的厚度自下而上逐渐增厚，为 50~125 毫米。

该坦克炮塔内有三名乘员，装填手位于火炮左侧，车长位于右侧，炮长在车长前下方。装填手舱门上安装有一具可旋转的潜望镜，舱口设计有环形机枪架。车内电台安装在炮塔壁左侧，便于装填手操作。炮塔内弹药大都放在炮塔尾舱内，装填手用膝盖控制一个杠杆能打开尾舱装甲隔门，收回膝盖，门自动关闭，并备以应急机械闭锁装置。

炮塔上的车长指挥塔外形低矮，可 360 度旋转，四周有六个观察镜，指挥塔外部有一挺高射机枪。炮塔后部装有两根电台天线和一个横风传感器。车内油冷式发电机由传动装置驱动，最大电流是 650 安。六个 12 伏特蓄电池串并联连接，总容量是 300 安时，供电电压为 24 伏特。

当时，M1 坦克主要武器是一门 105 毫米 M68E1 型线膛炮，与 M60 主战坦克的 M68 炮有所不同，该炮由于改进了摇架结构从而减少了在炮塔内所占有的空间。反后座装置也加以改进，带有液压驻退机和同心式复进机。M1 主战坦克 105 毫米炮弹基数是 55 枚，其中 44 枚装在炮塔尾舱内，左右弹药仓各存放 22 枚，3 枚水平存放在炮塔吊篮底板的防弹盒内待用，其余 8 枚装在车体后部弹药装甲隔舱内。

M68E1 火炮除了可发射 M60 主战坦克制式炮弹外，还可发射最新研制的 M735 曳光尾翼稳定脱壳穿甲弹、M774 曳光尾翼稳定脱壳穿甲弹、M883 曳光尾翼稳定脱壳贫铀弹芯穿甲弹和 M737TPDS 教练弹。M68E1 火炮发射 M774 式尾翼稳定脱壳穿甲弹时，初速为 1524 米 / 秒，直射距离约 1700 米。

M1 主战坦克采用了指挥仪式坦克火控系统，主要特点是光学主瞄准镜与火炮/炮塔相互独立稳定，火炮/炮塔电液驱动，并随动于主瞄准镜。在正常工作条件下，炮长用主瞄准镜捕获目标，炮长的火控指令和自动弹道传感器的弹道修正数据同时输入弹道计算机，计算机弹道控制火炮和炮塔的转动从而使火炮稳定地瞄准目标。该火控系统使 M1 主战坦克具有在行进间射击固定目标和运动目标的能力。

由加拿大计算设备公司研制生产的数字式弹道计算机是一种全求解的固态计算机，自动输入的数据包括目标距离、目标速度、倾斜角和横风速度，手工输入的数据包括药温、气压、气温、炮膛磨损、四种弹道选择、炮口校正装置信息等，弹道计算距离为 200~4000 米。炮长主瞄准镜是一个单向（高低向）独立稳定瞄准线的单目潜望式瞄准镜，它与激光测距仪和热像仪组合，构成测距、昼夜三合一的瞄准镜。激光测距仪的距离分辨率为 15 米。为加强坦克在烟幕中的作战能力，正准备改用工作波长为 10.6 微米的激光测距仪，并于 1987 年开始批量生产。

该坦克火控系统与“豹 2”主战坦克的火控系统同属指挥仪式，但为降低成本，而又不太多地降低火控性能，M1 主战坦克没有配备独立的车长瞄准镜，仅有一个在炮长主瞄准镜上延伸的望远镜，车长不能超越炮长独立地搜索、识别和瞄准目标。炮长主瞄准镜水平向未稳定，仅高低向独立稳定，减少了弹道数据的自动输入，仅有四种主要自动输入的弹道传感器，其他弹道数据参数需要手工输入。这些措施较有效地控制了火控系统的成本，实际成本仅为整车成本的 20%。

其发动机是阿夫柯 – 莱卡明公司（现改为达信 – 莱卡明公司）的 AGT-1500 燃气轮机，是世界上首次采用燃气轮机作为主动力的制式主战坦克。该机输出功率是 1103 千瓦（1500 马力），主要燃料是柴油或煤油，也可用汽油。尾气排气口位于车体尾部，进气口在车体顶部。AGT-1500

燃气轮机不但零件少，定期检修间隔时间长，且冷却系统简单而效率高，排烟量大为减少。此外，该机零部件保养简单，整机更换极快，不超过一小时，但是燃气轮机也存在燃油消耗率高，初始成本偏高的缺点。

首辆改进型 M1 主战坦克于 1984 年 10 月完成，1986 年 5 月完成最后生产，共制造 894 辆。作为 M1A1 主战坦克的过渡性车型，仍采用 105 毫米火炮，但安装了与 M1A1 主战坦克相同的更坚固的铸钢炮耳轴，其他方面改进均达到 M1A1 标准，包括加强了防盾、炮塔装甲和行动装置部件（如诱导轮曲臂、扭力轴、减振器等）。其减速比提高，并在炮塔尾部增加了一个储物篮。M1A1 坦克于 1984 年 8 月 28 日定型，在此之前曾制造了 14 辆样车并进行了试验，研制代号为 M1E1。M1A1 主战坦克生产始于 1985 年 8 月，1986 年 7 月正式装备，目前计划生产 4199 辆。其主要特征是装备了火力更强大的 120 毫米滑膛炮，除了保留改进型 M1 主战坦克的改进项目外，还增装了伽莱特公司的集体三防装置。主要装备美国驻欧部队，原装备的 M1 主战坦克已运回美国，国内（美国）仅有陆军第三装甲骑兵团装备了 M1A1 主战坦克。截至 1987 年 5 月美国陆军共装备 4100 多辆 M1 系列主战坦克。

从 1988 年 6 月开始，美国新生产的 M1A1 主战坦克采用了贫铀装甲，并首先装备驻德国部队，贫铀装甲研制工作始于 1983 年。M1A1 坦克在车体前部和炮塔上安装贫铀装甲，贫铀装甲在两层钢板之间。增装这种贫铀装甲后，M1A1 主战坦克车重从 57154 千克增加到 58968 千克。这种新式贫铀装甲的密度是钢装甲的 2.6 倍，经特殊生产工艺处理后，其强度可提高到原来的 5 倍，因此坦克防护力大为提高，能同时防御动能弹和化学能弹的攻击，以满足 20 世纪末战争的需要。装备贫铀装甲的 M1A1 坦克被称为 M1A1HA。

M1A1“艾布拉姆斯”主战坦克

ABRAMS

M1A1“艾布拉姆斯”主战坦克

02 M1A2 坦克

M1A2“艾布拉姆斯”主战坦克

M1A2 即 M1A1 第二阶段的改进产品，改进项目最早于 1985 年 2 月 1 日批准，目前有七项，其中五项计划在 1988 年年底开始生产，另两项要推迟 18 个月，产品定型后将称为 M1A2。第二阶段项目改进将使 M1A1 的总体性能得到大幅度提高。据报道，M1A2 首辆坦克于 1992 年出厂，1993 年开始装备部队。

M1A2 主战坦克的系统改进计划（SEP）是在 1994 年 4 月复审 M1A2 的第三阶段改进方案时制定的。其目的是使美陆军改进其战术原则，并且使其更加现代化，以迎接不久将要到来的数字化战场。另外，处理器性能和存储器容量的不断提高亦要求经常改进计算机硬件。

改进硬件主要包括：车长和炮长两个瞄准镜中的第二代前视红外仪，增强型定位报告系统，改进定位和导航系统的全球定位系统接收装置，增加用于降低能耗和对电子设备进行冷却、有装甲防护的、一体化辅助动力 / 冷却系统，增强的存储器和显示器，用于作战识别系统的接口以及综合式多用途化学毒剂侦检器等。改进计算机芯片以便与美国陆军的数字化指挥与控制软件及操作标准（即通用作战环境）兼容。增加辅助动力装置，当主发动机熄火时，由辅助动力装置为车内数字化电子系统提供电能，以弥补车内电瓶电能的不足。该装置还可为静默观察提供电能，并且为电瓶充电。另外，它还为车内空调装置提供电能，以提高车内乘员的舒适性和电子元件的可靠性。

M1A2“艾布拉姆斯”主战坦克

其应用更先进的技术，例如第二代前视红外传感器数据的数字处理技术，以利于执行更高级的任务（如自动目标跟踪、目标识别、目标指示等），还应用了嵌入式训练技术、头盔式平视显示器技术以及能自动地对抗来袭炮弹或导弹的综合战斗防护技术。

按照计划，美国陆军将开始生产和试验装有系统改进计划设备的坦克样车。如果样车通过鉴定，则所有 1079 辆 M1A2 主战坦克都将安装系统改进计划中的设备。在 1999 财年以后这些坦克都实施工程改造计划，从 2000 年开始已经服役的 M1A2 主战坦克按照改进工作合同进行改装。

03 M1A2 SEP 坦克

M1A2 SEP V3“艾布拉姆斯”主战坦克

THIS SIDE OFF

为提升M1A2坦克在复杂环境下的作战能力，美军于1999年开发了“系统改进包（System Enhanced Package，SEP）”，加装大量计算机设备，包括加装数位化战场系统。这套系统达到FBCB2的规格，不但使各辆M1A2坦克可分享战场资讯，亦可将各辆M1A2所收集的资讯发送到指挥单位，指挥单位可通过系统更准确掌握战场态势，应战场形势的变化适时调配各作战及支援单位，增强协同作战能力，还包括为新增的电脑设备加强用于冷却的空调系统，从而提升作战效能。

后续的 SEP V2 版加装 CROWS Ⅱ 无人遥控机枪塔，人员无须伸出车外便可操作机枪，车体外挂的装甲也有提升。另外还包括换装新一代热成像系统、车长独立热成像仪、全彩平面显示仪、数字化地形图等，以及最新的数字化指挥、控制和通信装备，该型号是美军 21 世纪军力计划陆军数字战场的核心，是美军现役最先进的数字化主战坦克。

M1A2 SEP V3“艾布拉姆斯”主战坦克

M1A2 SEP V3“艾布拉姆斯”主战坦克

ABRAMS

M1A2 SEP V3“艾布拉姆斯”主战坦克

M1A2 SEP V3“艾布拉姆斯”主战坦克

M1 坦克参数

生产日期	1979 年至今
重量	64.6 吨（M1A2 型）
车体长度	7.93 米
宽度	3.66 米
高度	2.44 米
操作人员	4 人
主炮	120 毫米 44 倍径 M256A1 滑膛炮（M1A1 及以上型号）
机枪（各改型不同有差异）	12.7 毫米勃朗宁 M2 重机枪 ×1 7.62 毫米 M240 通用机枪 ×2
发动机	AGT-1500 燃气轮机
作战范围	550 千米
速度（公路）	70 千米 / 时

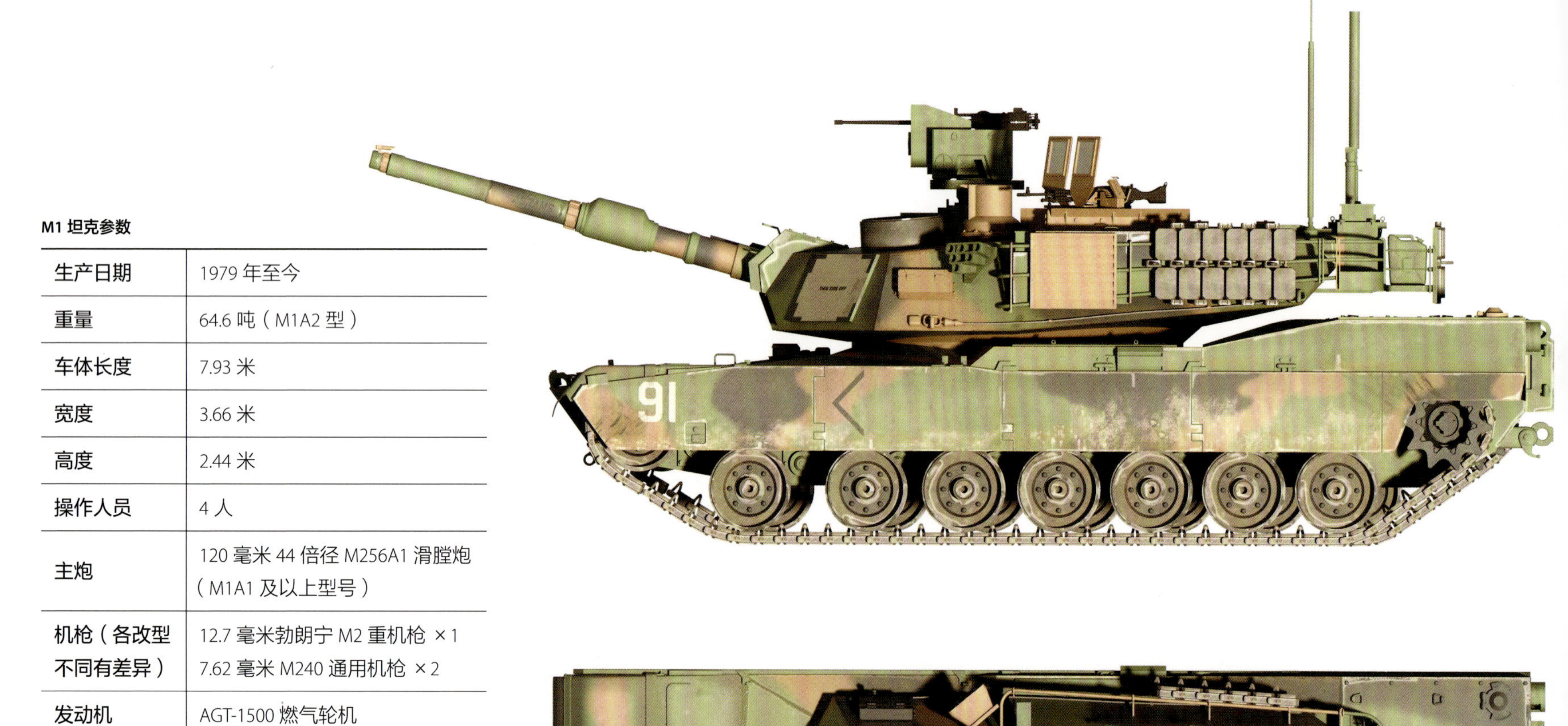

M1A2 SEP V3“艾布拉姆斯”主战坦克外观图

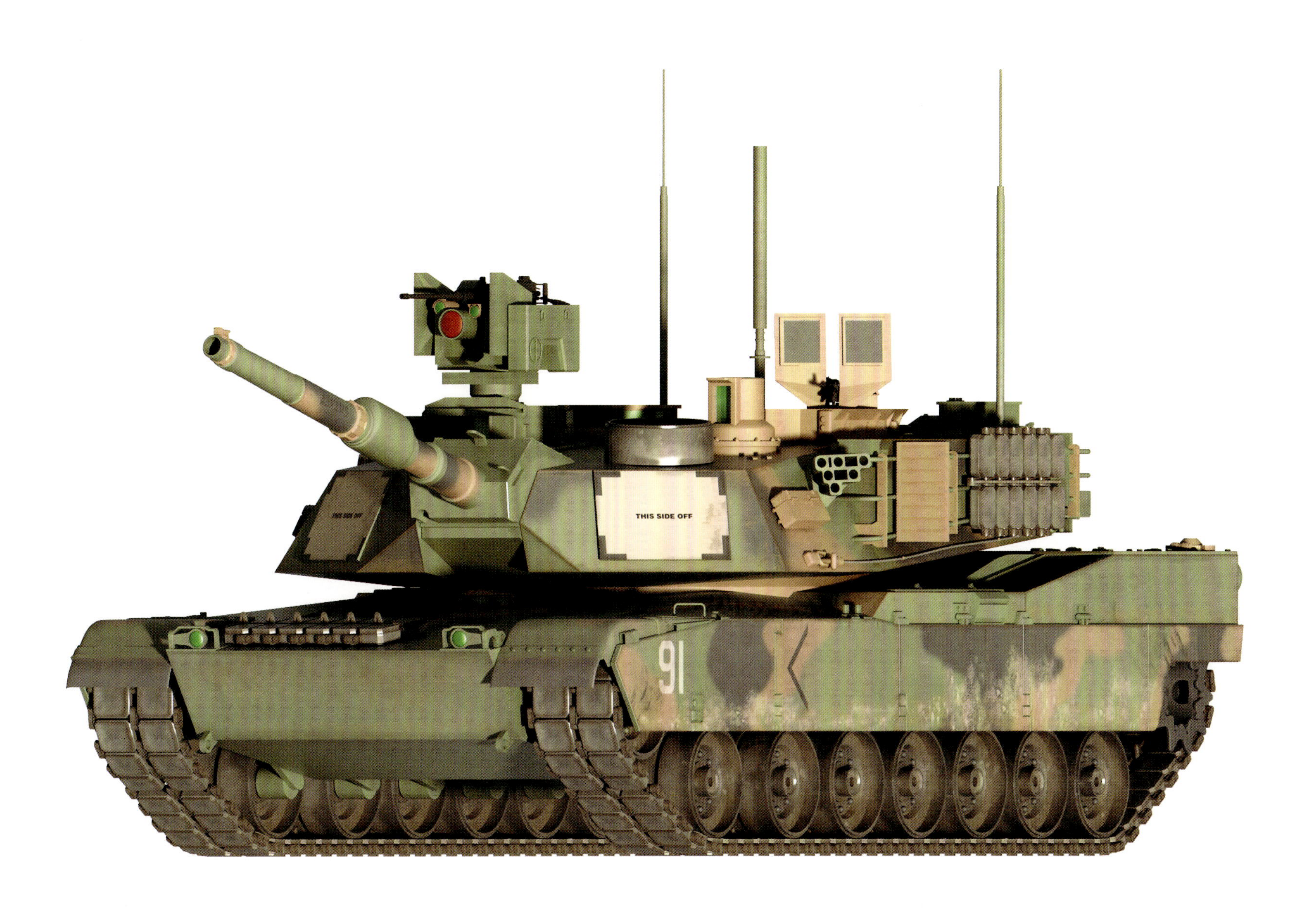
THIS SIDE OFF
91

T-80U 坦克

苏俄T系列坦克

01 T-62 坦克

T-62M 主战坦克

T-62 主战坦克是苏联继 T-54/55 主战坦克之后，于 20 世纪 50 年代末发展的一代新型主战坦克，1962 年定型，1964 年成批生产并装备部队，1965 年 5 月首次在红场阅兵中亮相。

苏联 T-62 主战坦克的生产一直持续到 20 世纪 70 年代末 T-72 主战坦克投产时为止，共计生产约两万辆。为满足军火市场的大量需求，苏联还准许捷克斯洛伐克生产 T-62 主战坦克，在 1973 年至 1978 年间大约生产了 1500 辆。T-62 主战坦克大量使用于 1973 年的中东战争，从实战中暴露出射击速度慢、火炮俯角小、115 毫米滑膛炮及其火控系统不如以色列 105 毫米线膛炮等缺点和问题，有待改进和发展。

其车体为焊接结构，驾驶舱在车体前左，前右是弹药舱，车体中部是战斗舱，动力舱在车体后部。驾驶员有一个可向上升起并向左旋转打开的单扇舱盖，舱前有两个观察镜，靠左边的观察镜在夜间可换成有 30 度视场、60 米视距的 TBH-2 红外驾驶潜望镜。在驾驶椅后的车体底甲板上开有向车内打开的安全门。车体前上装甲板装有防浪板，板的右侧有两个前灯，靠左边的是白光灯，靠右边的是红外灯。车体两侧翼子板上装有外组燃料箱和工具箱，车体后部还可以加装附加燃料桶。炮塔为整体铸造结构，呈圆形，安装在车体中部。炮长在火炮左侧，车长位于炮长后上方，装填手在火炮右侧。车长和装填手各有一个舱口，舱盖为单扇结构，向后开启，可在垂直状态时闭锁。炮塔外部焊有供搭载步兵使用的扶手，炮塔顶部正后方开有一个抛壳窗。

其主要武器是一门 2A20 式 115 毫米滑膛坦克炮，配有自动抛壳机，由上架、下架和抛壳窗三部分组成，位于防危板活动部分上方，利用火炮后坐时储存的能量将射击后剩下的空弹壳抛出车外。筒式反后坐装置安装在火炮下方偏右位置上。115 毫米滑膛炮配有双向稳定器，由一个电气－液压系统和一个直流电传动系统分别实现火炮高低向和水平向的瞄准与稳定，其工作原理与 T-55 主战坦克使用的双向稳定系统相同，但是由于功率加大的缘故又对某些部件进行了修改。该滑膛炮可以发射尾翼稳定榴弹、尾翼稳定破甲弹和尾翼稳定脱壳穿甲弹。

该车的 B-55-5 型发动机系 T-54 主战坦克的 B-54 型发动机的改进型，与 T-55 主战坦克的 B-55 型发动机基本相同，外形尺寸和安装位置没有大变化，标定功率为 426 千瓦。传动装置与 T-55 主战坦克的基本相同，仅做了局部修改。

车体装甲厚度与 T-55 主战坦克基本相同，但为了减轻车重，车体顶后、底中和尾下等部位的装甲厚度有所减薄，同时采取特殊的冲压筋或加强筋等措施提高刚度。炮塔为整体铸造结构，流线型较好，防护力较 T-55 坦克略有增加。

T-62 坦克参数

生产日期	1961—1972 年
重量	37 吨
车体长度	6.3 米
宽度	3.3 米
高度	2.2 米
操作人员	4 人
主炮	115 毫米 U-5TS 滑膛坦克炮
机枪（各改型不同有差异）	PKT7.62 毫米机枪 ×1 DShK12.7 毫米机枪 ×1 NSV12.7 毫米机枪 ×1
发动机	V-55 12 汽缸液冷柴油发动机（B-55-5 型发动机）
作战范围	450 千米
速度（公路）	50 千米 / 时

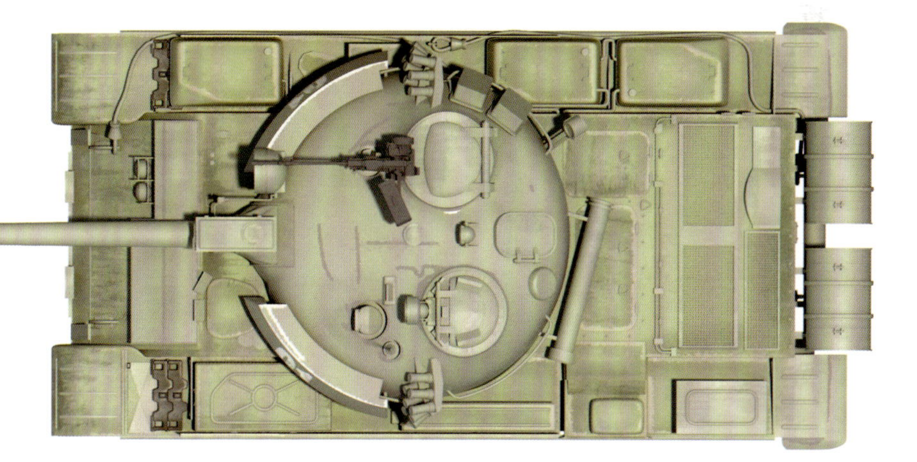

T-62M 主战坦克外观图

T-62M 主战坦克

该坦克装有集体式防核装置，该装置由辐射探测器 / 促动器、五个独立的爆炸导火管机构和一个增压风扇组成。箱形辐射剂量探测器装在炮塔右侧压缩空气箱后面，可探测 γ 射线或中子辐射剂量，起动增压风扇和促动包括瞄准镜、增压风扇、排气风扇、发动机进气百叶窗和发动机冷却空气进气管的关闭机构。增压风扇安装在炮塔后部，橡胶软管的一端与炮塔上的铝套进气口相连接，另一端装在增压风扇进气口上。由于未装集体式防化学装置，所以四名乘员各配备一副防毒面具。

T-62M主战坦克

02 T-64 坦克

T-64 主战坦克

20世纪60年代初，苏联在T-62主战坦克定型生产后制造了多种新型坦克样车，其中之一是T-64主战坦克样车，该车由哈尔科夫坦克制造厂从1965年开始小批量生产。

最初的T-64主战坦克沿用了T-62主战坦克的115毫米滑膛炮、火控装置和稳定系统，火炮配有自动装弹机，炮塔为铸造结构，炮塔前弧部和车体前上装甲板为含有非金属材料的复合装甲。由于自动装弹机、火控系统、发动机和悬挂装置经常出现故障，所以最初的生产量很少。1965年至1970年间，苏联对其进行了大量改进，可靠性明显提高，此时将改进后的坦克定名为T-64A型主战坦克，并投入大批量生产。改进后的T-64A型主战坦克装有125毫米火炮，而且火控系统和稳定装置也有了较大改进。1970年至1981年间，苏联一直在生产T-64A主战坦克，到1976年，驻民主德国苏军已用该坦克换装了大量T-55主战坦克，1980年8月以后，驻匈牙利苏军也开始换用该型主战坦克。自1980年起，苏联开始生产T-64B型主战坦克，125毫米坦克炮可发射AT-8反坦克导弹。苏联生产T-64系列主战坦克约8000辆，全部装备苏军部队。

T-64主战坦克总体布置与T-72主战坦克大体相同，然而主要部件，例如火炮型号、液气悬挂、履带、发动机和炮塔，均与T-72主战坦克不同。T-64A型主战坦克的高度比T-62主战坦克低，火线高度大约下降110毫米，主要原因是该坦克采用了既小又矮的炮塔。

坦克车体用装甲钢板焊制而成。车内分为驾驶舱、战斗舱和动力舱三部分。驾驶员位于车体内前部中央，有一个向上抬向右旋开的单扇舱盖，舱前有观察潜望镜，前上装甲板两侧有驾驶照明灯。车体前上装甲板中央位置有V型凸起，其间有三至四条横筋，这样凸起可起到防浪板的作用。前下装甲板外装有推土铲，还备有安装扫雷器的托架。车体两侧装有外张式侧裙板。炮塔为铸造件，装在车体中部上方，中弹率高的正面面积窄小，炮塔呈卵形，顶视图呈盘状，高度比以前坦克的炮塔都矮。炮塔内有两名乘员，车长在右边，炮长在左边，因采用自动装弹机装填炮弹，故无装填手。

T-64A主战坦克装有一门2A26式125毫米滑膛坦克炮，炮管比较长，采用横楔滑动式炮闩，炮塔中央装有圆筒形抽气装置，炮塔外部装有四段轻金属式护套。炮管寿命为：常规弹600~800枚，尾翼稳定脱壳穿甲弹280枚。改进后的T-64B型主战坦克的125毫米火炮除发射普通炮弹外，还可以发射AT-8反坦克导弹，有效射程为3000~4000米，破甲厚度为600~650毫米。

T-64主战坦克装有与T-72主战坦克同类型的火控系统，是安装在T-55和T-62M主战坦克上的简易型火控系统的改进型。该系统包括合像式光学

T-64 主战坦克

T-64 主战坦克

单目测距仪、红宝石激光测距仪、模拟式弹道计算机、炮长瞄准潜望镜、炮长夜间瞄准望远镜、车长昼夜合一观察潜望镜、观察镜及红外探照灯、火炮 / 炮塔控制放大器、手动 / 机动火炮俯仰驱动机构、炮耳轴倾斜传感器、瞄准点注入装置以及射击控制面板等。

其自动装弹机与 T-72 主战坦克的自动装弹机结构不同，弹丸和药筒一起放在弹槽中，再一起装进炮膛。射速为 6~8 枚每分钟。这种装填机构较 T-72 坦克的复杂，容易出现故障和损坏。后来改为分装式弹药，弹丸与装药分别放在上下两层圆盘上，但弹丸仍垂直放置。

T-64 主战坦克使用二冲程卧式五缸对置活塞 5DTF 型柴油发动机，输出功率为 551 千瓦（750 马力）。从理论上讲，二冲程发动机具有体积小、重量轻和输出功率大等特点，然而它的油耗高、热效率低、容易过热、气缸活塞容易变形、故障率高，因此，以后的 T-72 主战坦克重新采用了四冲程柴油发动机。

T-64A 主战坦克的炮塔是整体铸造加顶部焊接结构，车体前部采用了复合装甲结构，并列机枪射孔附近的炮塔壁厚约为 400 毫米，主炮两侧的间隙装甲中填有填料，顶装甲板厚度约为 40~80 毫米不等，炮塔侧面装甲厚 120 毫米，后部装甲厚 90 毫米。附加装甲是 T-64 主战坦克提高装甲防护的重要措施。在车体前下甲板装有推土铲，乘员舱内壁装有含铅防中子辐射的衬层，车体侧面装有张开式侧裙板。

T-64 坦克参数

生产日期	1963—1985 年
重量	38 吨
车体长度	7.4 米
宽度	3.4 米
高度	2.2 米
操作人员	3 人
主炮	115 毫米 U-5TS 滑膛坦克炮
机枪（各改型不同有差异）	PKT 7.62 毫米机枪 ×1 DShK 12.7 毫米机枪 ×1 NSV 12.7 毫米机枪 ×1
发动机	二冲程对置活塞 5DTF 型柴油发动机
作战范围	500 千米
速度（公路）	60.5 千米 / 时

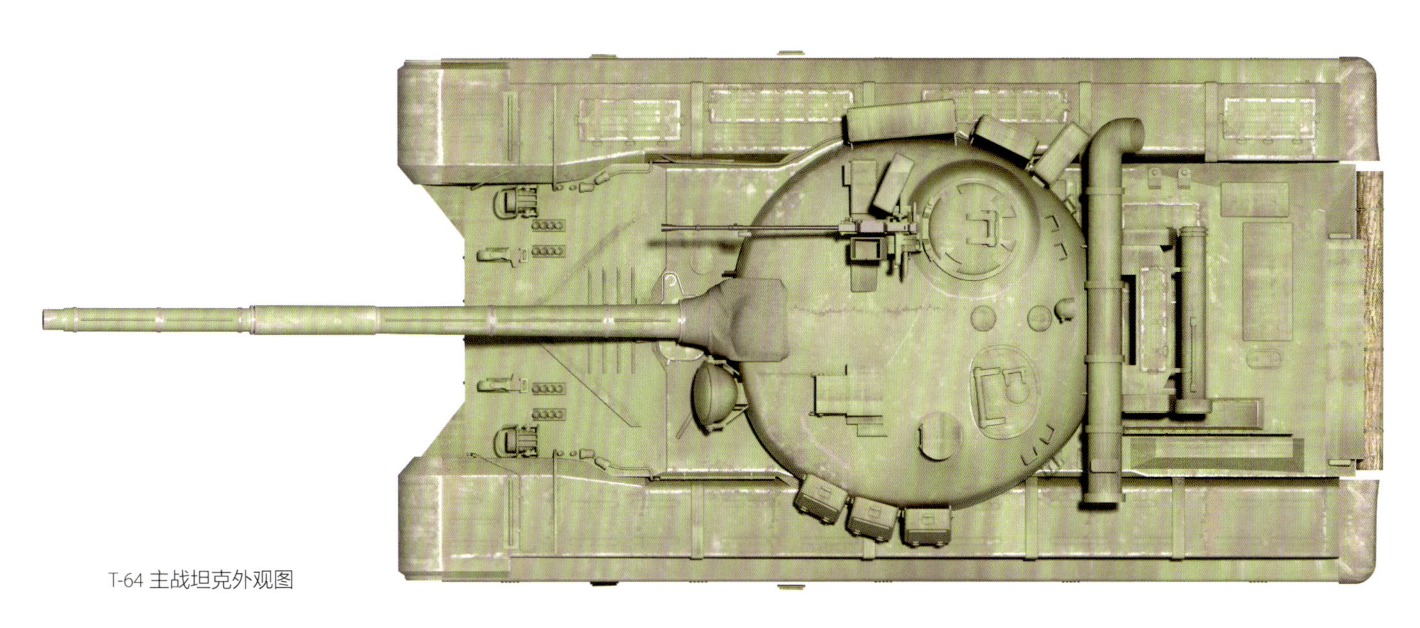

T-64 主战坦克外观图

T-64 主战坦克

03 T-72 坦克

T-72B3 主战坦克

T-72 主战坦克于 1971 年投产，1973 年大量装备部队。从 1979 年起，装备波兰、捷克斯洛伐克及罗马尼亚等华约国家，同时向叙利亚、利比亚、伊拉克、埃塞俄比亚、阿尔及利亚和印度等国出口。

T-72 主战坦克车体用钢板焊接制成，车内分为前驾驶舱，中部战斗舱，后部动力舱三部分。驾驶椅在车体前部中央位置，驾驶员有一个位于车体顶装甲板上的舱口盖，可从车内开关舱盖。炮塔系铸造结构，呈半球形，位于车体中部上方，炮塔内有车长和炮长两名乘员。车长在炮塔内右侧，炮长在左侧，他们各有一个炮塔舱口盖。车长指挥塔采取双层活动座圈结构，可相对炮塔做同步反向旋转。战斗舱中装有转盘式自动装弹机，取消了装填手，战斗舱的布置围绕自动装弹机安排。

其主要武器是一门 2A46 式 125 毫米滑膛坦克炮，身管长是口径的 48 倍，配有双向稳定器。该炮可以发射三种分装式炮弹：尾翼稳定脱壳穿甲弹、尾翼稳定破甲弹和尾翼稳定榴弹，携有 39 枚炮弹。自动装弹机由旋转式输弹机、链式提升机、链式推弹机、火炮闭锁器、自动抛壳机、控制盒和操纵台等部件组成。旋转式输弹机中的炮弹按弹丸和装药分别存放在输弹机的下层和上层，呈圆形辐射状，由驱动电机将所需弹种转至提升机提升位置，提升机提升弹匣内的弹丸和装药至火炮正后方位置，推弹机分别将弹丸和装药推入膛内，记忆盒记忆所储放弹种。在装填之前，火炮闭锁器将火炮固定在 4 度 30 分仰角位置上，以便进行准确装填。若出现故障，可采取半自动方式装填，其过程包括人工选弹、人工提升和人工推弹入膛。

T-72 主战坦克火控系统比较简单，包括一台简单的机电模拟式弹道计算机、炮长昼夜分置式光学 / 激光测距瞄准镜、车长昼夜合一式瞄准镜、火炮和炮塔稳定和驱动系统等部件。新生产的 T-72 主战坦克研制的火控系统的性能有所改进，系综合式坦克火控系统，配用了包括气象传感器在内的自动弹道传感器，具有存储器的弹道计算机，可自动计算气温、气压、风向和风速、药温、弹丸初速、目标角速度等弹道修正量对弹道的修正。炮长主瞄准镜与激光测距仪和微光夜视仪组合在一起，构成测瞄昼夜“三合一”的结构。炮长主瞄准镜与火炮均为双向独立稳定，火炮随动于炮长主瞄准镜。新的火控系统使得 T-72 主战坦克能在静止或行进间射击固定目标或运动目标，并且具有较高的首发命中率。

该坦克装有一台 B-46 型四冲程水冷机械增压发动机，结构与 B-54 发动机基本相同，外形尺寸变化不大。T-72 主战坦克采用行星式机械传动装置，传动箱连接发动机、变速箱以及风扇、起动电机和压气机等装置。在车体两侧各有一个结构相同，用手动液压操纵的三自由度行星式机械变速箱。除在非重点部位采用均质装甲外，车体首上采用了复合装甲。前上装

T-72B3 主战坦克

甲厚 200 毫米，由三层组成，外层和内层分别为 80 毫米和 20 毫米的均质钢板，中间层是 100 毫米厚的非金属材料，与水平面的夹角为 22 度。炮塔为铸造件，各部位厚度不等，炮塔正面位置最厚。

车体前下装甲板为均质装甲，与水平面夹角为 30 度，其上装有推土铲，驾驶员可以从车内操纵推土铲进行构筑工事作业。不使用时，将推土铲收起，置于前下甲板外侧，可增加前下甲板的防护力。在车体前下甲板上还备有安装扫雷器用的螺栓孔，安装前需要收起推土铲。苏军为每个坦克连配备了三具扫雷器。该坦克能安装类似于 T-80 和 T-64 主战坦克一样的反应式爆炸装甲。

早期 T-72 主战坦克装有与 T-62 主战坦克相同的热烟幕施放装置。施放时，驾驶员打开仪表开关接通油路，柴油经喷油雾化器喷入发动机排气管的废气流中，柴油受热生成的蒸汽与废气混合后排出车外，过饱和状态的柴油蒸汽受冷迅速凝结形成微粒白色烟雾。后期生产的 T-72 主战坦克除装有热烟幕施放装置外，还装有烟幕弹发射器，发射器数量随车型不同而变化，例如 T-72M1 型制式主战坦克装有十二具烟幕弹发射器，炮塔右边五具，左边七具。而 1986 年型 T-72M1 主战坦克装有八具烟幕弹发射器。

T-72 坦克参数

生产日期	1971 年至今
重量	46 吨
车体长度	6.95 米
宽度	3.59 米
高度	2.23 米
操作人员	3 人
主炮	2A46 式 125 毫米滑膛炮
机枪（各改型不同有差异）	PKT 7.62 毫米机枪 ×1 NSV 12.7 毫米机枪 ×1
发动机	四冲程 V 型 12 缸 V-46 柴油发动机
作战范围	460 千米
速度（公路）	60 千米 / 时

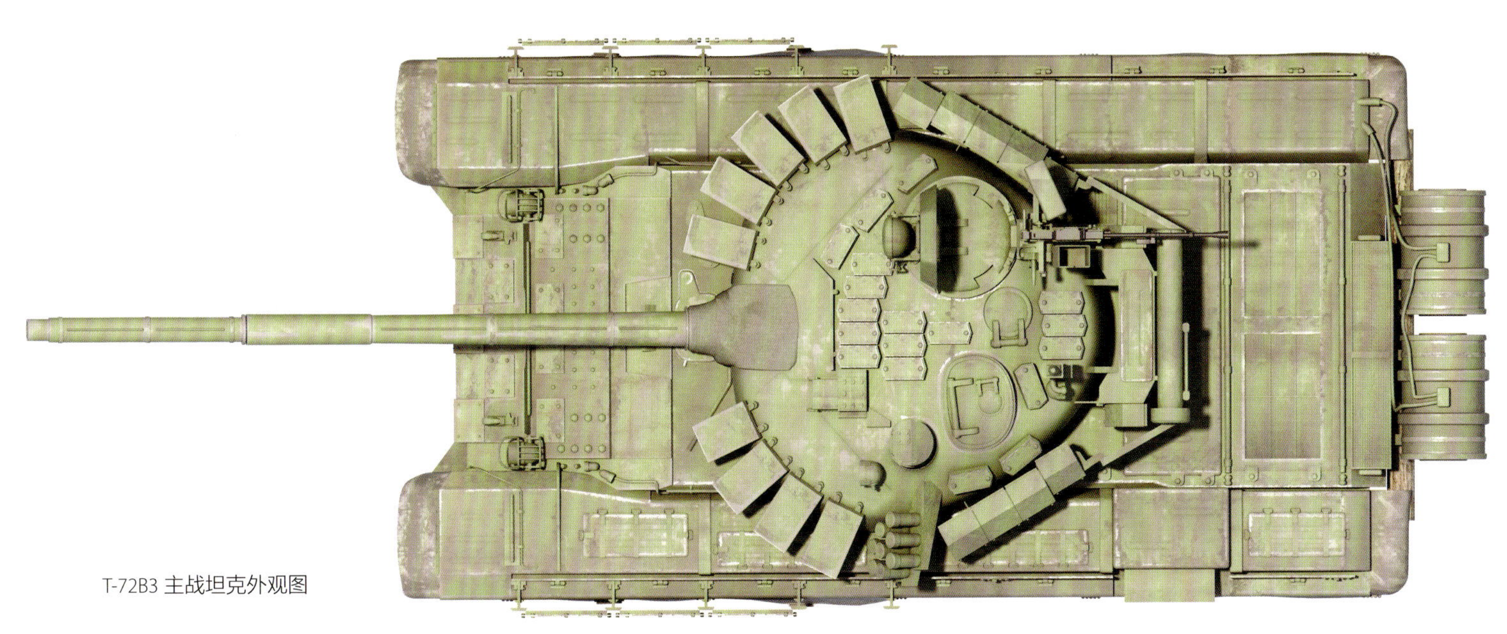

T-72B3 主战坦克外观图

T-72B3 主战坦克

04 T-80 坦克

T-80U 主战坦克

苏联 T-80 主战坦克是以 T-64 主战坦克为基础发展而来的，从 1976 年开始生产，到 1987 年中期为止约有 2200 辆装备部队。

T-80 主战坦克的总体布置与 T-64 主战坦克相似，驾驶员位于车体前部中央，车体中部是战斗舱，动力舱位于车体后部。为了提高对付动能穿甲弹和破甲弹的防护能力，车体前上装甲比 T-64 主战坦克有进一步改进，前下装甲板外面装有推土铲，还可以安装扫雷犁。炮塔为钢质复合结构，带有间隙内层，位于车体中部上方，两名乘员，炮长在左边，车长在右边，车长和炮长各有一个炮塔舱口。

其主要武器仍是一门与 T-72 主战坦克相同的 2A46 式 125 毫米滑膛坦克炮，既可以发射普通炮弹，也可以发射反坦克导弹，炮管上装有与 T-72 主战坦克 2A46 式火炮相同的热护套和抽气装置。2A46 式 125 毫米火炮用自动装弹机装填炮弹，装弹机的结构与 T-72 主战坦克的相同。弹药分成弹丸和装药两部分，分别储藏在战斗舱底部的旋转输弹机的下层和上层，备用弹药分别存放在驾驶员旁的车前空间和战斗舱中。

该坦克的火控系统比 T-64 主战坦克有所改进，主要是装有激光测距仪和弹道计算机等先进的火控部件，但仍采用主动红外型夜视设备。与 T-64 主战坦克不同，T-80 主战坦克装有一台新型燃气轮机，是苏联采用燃气轮机的第一种主战坦克。车体正面采用复合装甲，前上装甲板由多层组成。其中外层为钢板、中间层为玻璃纤维和钢板、内衬层为非金属材料。不计内衬层的总厚度为 200 毫米，与水平面成 22 度夹角。车体前下装甲分三层，总厚度为 80 毫米的两层钢板和一层内衬层。除此之外，在前下装甲板外面还装有 20 毫米厚的推土铲。前下装甲板与水平面的夹角为 30 度，包括推土铲在内的钢装甲厚度达到 100 毫米。炮塔两侧前部装有储存箱。

与 T-64B 主战坦克一样，T-80 主战坦克的炮塔前半圈和车体的前上装甲部位装有附加反应式装甲。炮塔部位的反应式装甲安装结构形式与 T-64B 主战坦克不同，T-80 坦克为上下两排，两排呈朝前的尖角形布置，T-64 坦克为双排下倾式布置，其中上排有两层，下排为一层。炮塔前部顶上也布置有反应式装甲，可对付顶部攻击武器。车体和炮塔上的反应式装甲的爆炸块总数量在 185~221 块之间，其中炮塔上有 95 块。侧裙板上没有像 T-64 坦克那样的反应式装甲。

T-80 主战坦克的激光报警装置、激光指示器或激光精确制导装置对敌方发出的激光做出反应，发出报警信号。在指挥型 T-80 主战坦克的车长指挥塔前的炮塔顶上还装有能发出调制波束的激光指示器，它由矩形装甲箱体保护着。T-80 主战坦克的其他制式装备还包括平时载于炮塔后部的潜渡筒和载于车体后部的自救木。潜渡时须安装两根管，粗管进空气（包括乘员舱所需空气）、细管用于排气。为了增大坦克行程，车体后部还可以加装附加燃料桶，进入战场前或必要时可将其迅速抛掉。

T-80U 主战坦克

T-80U 主战坦克

T-80U 主战坦克

T-80U 主战坦克

T-80 坦克参数

生产日期	1976 年至今
重量	42~48 吨（各改型不同）
车体长度	7 米
宽度	3.56 米
高度	2.74 米
操作人员	3 人
主炮	2A46 式 125 毫米滑膛炮
机枪（各改型不同有差异）	PKT 7.62 毫米机枪 ×1 NSV 12.7 毫米机枪 ×1
发动机	GTD-1000/1250 燃气涡轮机
作战范围	580 千米
速度（公路）	70 千米 / 时

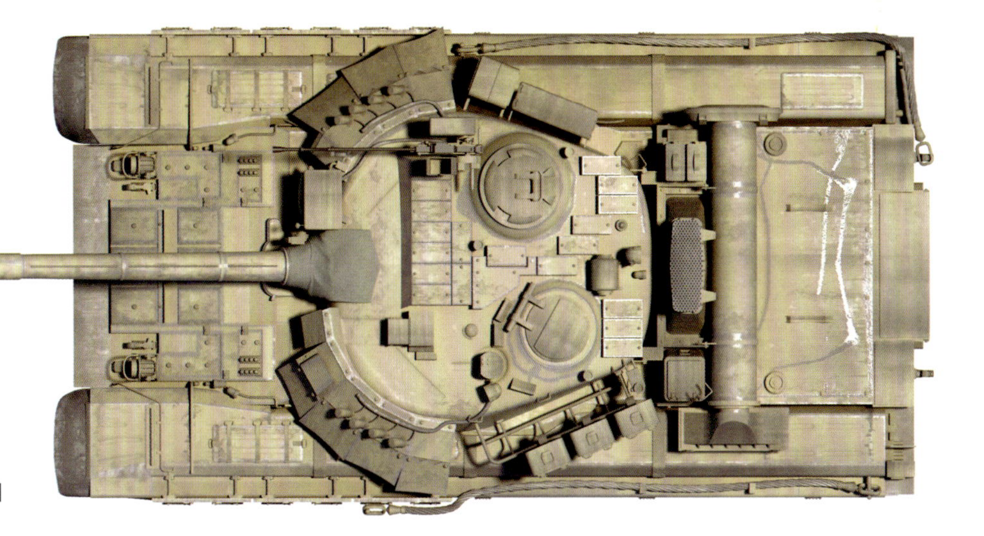

T-80U 主战坦克外观图

05 T-90 坦克

T-90MS 主战坦克

T-90主战坦克始于苏联20世纪80年代“188工程”，苏联解体后俄罗斯于1992年10月将“188工程”完善并通过国家试验，命名为T-90主战坦克。

其源于苏联一项为T-64、T-72及T-80主战坦克研制一种统一的替代坦克项目。它是T-72主战坦克项目的技术延伸计划，包括内构、动力系统等，是以T-72B主战坦克为基础采用T-80U坦克的火控系统研制的新一代主战坦克，是T-72坦克的衍生型，其原本命名为T-72BU主战坦克，苏联解体后更名为T-90主战坦克。1993年在俄罗斯库宾卡举行的武器装备展览会上T-90主战坦克公开亮相，至1994年开始批量生产。T-90主战坦克是俄罗斯陆军装甲兵目前的主力装备之一。

俄罗斯专家指出，俄最新型的T-90S主战坦克在很多方面的表现均要好于美国产品。T-90S坦克的重量要比M1A2“艾布拉姆斯”坦克轻10吨，速度也更快。不过，T-90S坦克最大的优势在于其能够有效抵御反坦克导弹的攻击，这一性能是其他主战坦克所不具备的。但这只是俄罗斯方面的说法，俄罗斯武器出口广告经常夸大其词，为了销售而尽量将其产品说成世界最先进，广告语还是仅供参考为上。

除发射标准弹外，T-90S主战坦克的125毫米滑膛炮还可发射激光制导炮弹。能发射AT-11型抗干扰反坦克导弹，导弹射程5千米。T-90S主战坦克装备了最新一代爆炸反应装甲以及能干扰有线反坦克导弹制导系统的“窗帘-1”电子压制系统。“窗帘”光电干扰系统使T-90S主战坦克能抵御各种反坦克弹药的打击，极大提高了它的生存能力。

其采用功率为626千瓦的柴油发动机。柴油发动机可使用多种燃料，对柴油质量不怎么挑剔，对空气清洁度要求也不是很严，这很适合南亚的气候地形条件。但它的功率不足，影响了机动性。T-90主战坦克公路最大速度65~80千米/时，最大行程（作战范围）500千米，如携带副油箱可达650千米。据说俄罗斯正在为T-90坦克研制功率820千瓦的柴油发动机。T-90坦克在机动性上也有引人注意的地方，当它装上潜渡通气筒时可涉5米深水域，这是一般坦克做不到的。T-90主战坦克还将安装空调，乘员工作条件一定会有新的改善。

T-90MS 主战坦克

T-90MS 主战坦克

T-90 坦克参数

生产日期	1994 年至今
重量	46.5 吨
车体长度	6.95 米
宽度	3.78 米
高度	2.22 米
操作人员	3 人
主炮	2A46M 式 125 毫米滑膛炮
机枪（各改型不同有差异）	PKT 7.62 毫米机枪 ×1 6P50 12.7 毫米重机枪 ×1
发动机	V-84MS/V-92S2 12 缸增压柴油发动机
作战范围	500 千米
速度（公路）	65~80 千米 / 时

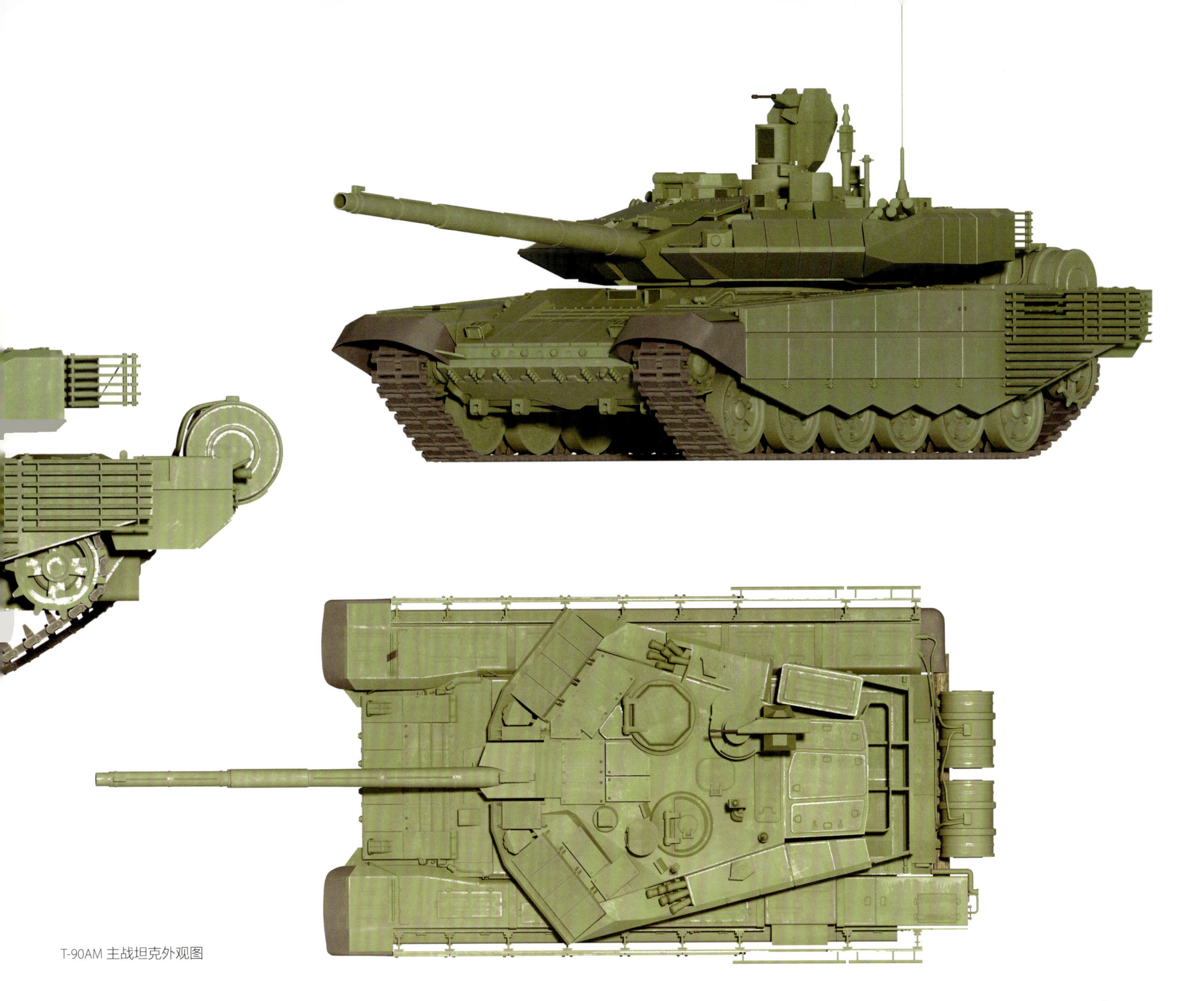

T-90AM 主战坦克外观图

T-90MS 主战坦克

T-90MS 主战坦克

T-90MS 主战坦克

“梅卡瓦”MK4 主战坦克

另类坦克

01 “梅卡瓦”MK4 主战坦克

“梅卡瓦”MK4 主战坦克

“梅卡瓦”MK4 型主战坦克为以色列在“梅卡瓦”MK3 型主战坦克基础上研制的主战坦克，目前为以色列军队主力坦克。

以色列国防部在 2002 年 6 月 24 日为新型主战坦克“梅卡瓦”MK4 举行了一个量产的庆祝仪式。这种重达 65 吨的“梅卡瓦”MK4 型坦克在 2001 年进入规模化生产并于 2004 年交付以色列国防军现役。国防部将以每年 50~70 辆的产量生产这种重型战车，最初预估的生产总量将达到 400 辆。

“梅卡瓦”MK4 型主战坦克进行了广泛的改进和性能提升，引入了新型防护装甲、主炮以及电子系统。“梅卡瓦”MK4 可在其固定载员（车长，装填手，炮长，驾驶员）之外另外运载八名武装步兵或是一个小型指挥机构，它甚至还可以承载三名躺在担架上的重伤员。这种坦克具有行进间对运动目标的打击能力，并在与携带常规反坦克弹药的直升机的对抗中表现出了对直升机极高的命中率。

MK4 这个项目计划的主要承包公司分工为：Elbit 系统公司下辖的 El OP 电子光学实业公司承揽坦克的火控系统，以色列国防军负责大部分的车体和系统整合以及测试工作，以色列军事实业公司牵头主炮、弹道防护、弹药的工作，Imco 实业公司负责电子系统，Urdan 实业公司负责车体、炮塔和其他铸件的工作，IAI Ramta 提供防护部件的研发。坦克制造的主要部分，也就是车体的建造以及所有不同类型的系统的整合工作全部在以色列国防军的生产车间里完成。

“梅卡瓦”MK4 坦克的新型全电驱炮塔是由 Elbit 系统公司以及其下辖的 El OP 电子光学实业公司研发的。整个炮塔只有一个供车长探出观测之用的舱口。经过性能提升的 120 毫米滑膛主炮是由以色列军事实业公司研制。这门主炮是 MK3 型坦克炮的新型换代产品，与其上代产品一样，新主炮同样拥有能减低炮管在环境或是射击因素下造成弯曲程度的热防护套。这种主炮可以发射增加了发射功率的新型 120 毫米高速穿甲弹和制导炮弹。装填手可以选择半自动装填模式。该主战坦克携带 48 枚存放在个体保护式弹舱中的备弹。它还有一个全电驱动的装有 10 枚定装弹的旋转式弹匣。可供其选择使用的武器包括有由以色列国防部下辖的弹药公司提供的 APFSDS-T M711 贫铀尾翼脱壳穿甲弹，HEAT-MP-T M325 破甲弹以及 TPCSDS-T M324 钢芯尾翼脱壳穿甲弹。它的主炮还可兼容发射法制、德制以及美制的 120 毫米弹药。它还装备了数挺 7.62 毫米机枪以及一门 60 毫米的车载迫击炮。

其旋转式弹匣是一种由计算机控制的全自动全电驱动弹匣，该系统被安置在炮塔内一个独立空间里，以防止车内弹药殉爆而造成对载员的伤害。载员可以在战斗舱室里很方便地操作该系统，装填手可以从四种不同类型的 10 枚定装弹里依据需要选择合适的可供发射的弹药。El OP 电子光学实业公司研制的新型火控系统，拥有了性能非常先进的对运动目标截取以及锁定的能力，即便坦克本身处于行驶状态，也可以轻松瞄准和锁定处

梅卡瓦 MK4 坦克参数

生产日期	2001 年至今
重量	65 吨
车体长度	7.6 米
宽度	3.7 米
高度	2.66 米
操作人员	4 人
主炮	MG253 120 毫米滑膛炮
机枪（各改型不同有差异）	7.62 毫米机枪 ×2
发动机	GD883V-12 柴油发动机
作战范围	500 千米
速度（公路）	64 千米 / 时

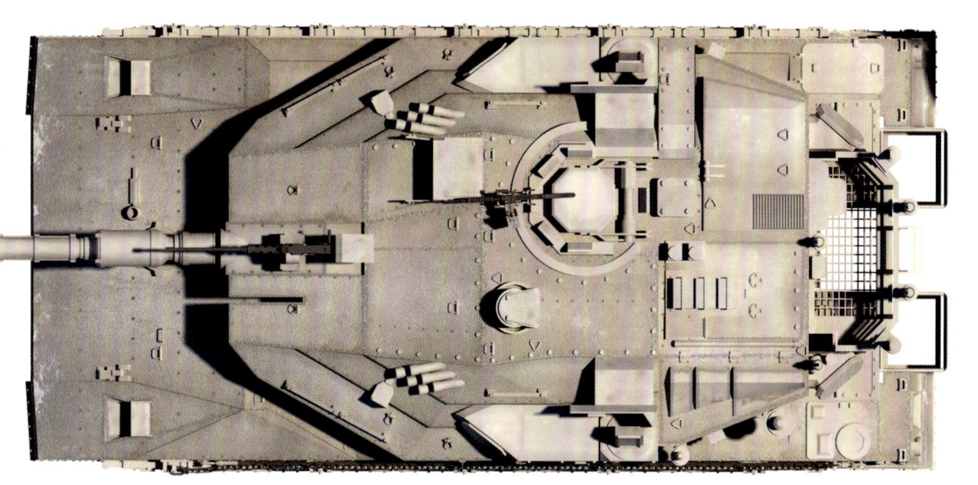

“梅卡瓦”MK4 主战坦克外观图

于机降状态的直升机这类目标。这种计算机控制的火控系统包括了带双轴稳定的观瞄系统、第二代的电视及热成像目标自动跟踪仪、激光测距仪、经过改进的热成像夜视仪以及运动倾角传感器。车长工作站装备有经稳定的昼/夜周视观瞄系统。这套经整合的系统还包括了先进的数字化通信系统和战场态势管理系统。Tadiran 公司研制了通信系统，包括了载员的车内通信系统以及 VRC120 这一采用了嵌入式辅助接收器技术的车载电台。

GD883V-12 柴油发动机提供 1500 马力的动力。这具发动机和一个油箱被前置在车体前部，另外在车体后部还有两个油箱。这具发动机由美国的 General Dynamics Land Systems 公司根据德国的设计者 MTU 公司授权生产。发动机在美国生产后出口到以色列，由以色列完成其与全自动传动系统以及计算机发动机控制系统（数字化全权控制）的整合工作。与 MK3 的四挡全自动变速器传动系统相比，MK4 拥有五个挡位的传动系统。车体采用了重新设计的因安装新式模块化装甲从而提升了前部装甲保护性能以及改善了驾驶员观察视野的方案。驾驶员为了提升坦克的倒车性能而采用了一部照相监测系统。坦克性能提升的另一标志就是坦克炮塔装备了模块化的特殊装甲。MK4 主战坦克能够抵御不同种类的弹药打击，其中包括了空射的精确制导导弹以及先进的攻顶反坦克武器的攻击。MK4 安装了先进的全自动来袭火力侦测以及压制系统。车体的下部还安装了附加的装甲以保护车体不被反坦克地雷攻击。在驾驶舱和载员战斗舱室均安装了制冷/制热的空调装置以及由 Shalon Chemical Industries 公司提供的个体防护和集体超压防护系统，从而有效提供三防功能。

“梅卡瓦”MK4 主战坦克

02 苏联 279 坦克

279 试验坦克

279 坦克的创意来自 20 世纪 50 年代初苏联对核战争这一新型作战方式的探索。

1953 年，苏军进行了多次核爆炸试验，同时在爆炸范围内放置了很多经过改装的坦克进行测试与评估。1954 年 9 月在多茨科耶地区进行了一次有步兵参加的特种核爆试验，苏联军方发现在核爆一定的范围内，坦克全部被冲击波掀翻，这显然不符合当时苏联核大战条件下进行战争的想法。

于是由托洛亚诺夫领导的小组开始进行“战术核爆区用试验性车辆结构 279 工程”，它也被当作“277 工程”竞争下一代重型坦克的样品。托洛亚诺夫将对抗核武器攻击与爆炸后的破坏作为考量的前提，于是他在设计上加强了 279 坦克的防护能力。基于这一点车身重量也就开始倍增，而车身重量倍增的结果就是如果接地的履带宽度不足的话坦克无法在钢筋混凝土以外地面移动，这在野战中是完全不可接受的事。所以托洛亚诺夫就加大履带的宽度，使其接地面积也倍增，成功地降低接近地面上的压强，并又设计了一种完全不合传统规范，但是可以防止爆炸冲击侵害的车体形状。

279 坦克降低接地压强的方法是装备了四条履带，其并非第一款使用四条履带的坦克，英国在 1916 年所研制的“飞象”超重型坦克、美国 T-28 超重型坦克都是四条履带的怪物。

考虑到中子弹这一新式武器的出现，279 坦克车体外圈内部使用多夹层填充防辐射物质（在中子弹爆炸区，可以将杀伤力很大的快中子转化为慢中子）。铸造的车体厚度达 269 毫米，同时它采用“277 工程”的炮塔。从它特别的外观可看出当初设计的目的是让 279 坦克能够在让一般坦克都要打退堂鼓的恶劣地形中进行作战，它主要负责攻坚以及反碉堡作战，甚至是发动地面攻击时能够支援反装甲任务。它厚达 319 毫米的炮塔正面装甲足够担任起任务的“楔子”。也就因为如此，它被苏联军方归类为最高指挥层级（军级）的预备武器。

加上装备有 1000 马力发动机，279 坦克最大速度可达 55 千米 / 时，对于这种 60 吨重的钢铁“巨兽”，这样的机动能力无疑令人感到惊讶。

279 坦克的火力强悍，主要是该坦克装备有一门 130 毫米 60 倍径的主炮。130 毫米的主炮威力非常强悍，加上装备有一个半自动装弹机，279 坦克的射速可达到每分钟 7 枚，远超同时期人工装填每分钟 4 枚的水平。此外，279 坦克还装备有 14.5 毫米同轴重机枪，用来对付近身目标。不过遗憾的是，279 坦克由于炮弹口径和自身设计，只能搭载 24 枚炮弹，远低于其他主战坦克的炮弹搭载数量。1957 年，279 工程终于造出了首辆样车，总的来说，279 坦克在技术突破和设计上，在当时绝对是世界一流水平。

不过，这个坦克却没有继续研发。其实，苏联不再研发这款坦克主要有两个原因：

1）当时的苏联领导人认为未来战争只需要核武器和导弹，重型坦克应该被“扔进垃圾堆再踩平”。最终，苏联高层取消了重型坦克研制计划，

279 试验坦克

279 坦克也在 1960 年被停止研制。

2）279 坦克由于采用了大量新技术，自身设计上还是存在很多需要完善和突破的地方。

在样车试验时，就发现动力传动系统和悬挂系统可靠性不能让人满意，自重过大而且行走装置复杂，维护保障十分麻烦，坦克的人车协调也不理想，这些对于想要大规模装备的坦克来说显然无法容忍。所以即便已经有样车，这一工程也没能逃脱最终下马的命运。

279 坦克于 1957 年造出了原型车。在试验场顺利通过了技术审查，但是由于结构复杂和造价昂贵，没有投产。该车目前保存在俄罗斯库宾卡坦克博物馆。这种坦克完全不是现代坦克的模样，仅为特殊时期特殊理念的特殊产物。

279 坦克参数

生产日期	1957 年，未量产
重量	60 吨
车体长度	10.2 米（含炮）
宽度	3.4 米
高度	2.47 米
操作人员	4 人
主炮	M65 130 毫米炮
机枪	14.5 毫米 KPV 重机枪 ×1
发动机	16 汽缸 2DG-8M 或 DG-1000 柴油发动机
作战范围	300 千米
速度（公路）	55 千米 / 时

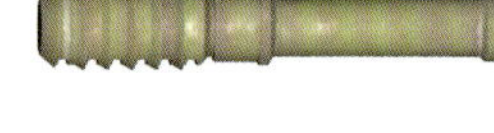

279 试验坦克外观图

03 美国 TV-8 核动力坦克

TV-8 试验坦克

TV-8 核动力坦克是在克莱斯勒公司于“X 武器”项目之后的提案中提出的。其采用非传统的战车设计，将所有乘员、发动机和弹药架放置在一个豆荚形炮塔内，该炮塔安装在轻型底盘上方，可以分开进行空运。战车的总重量约为 25 吨，炮塔重 15 吨，底盘重 10 吨。

经过审查得出的结论是，TV-8 坦克在设计上并未证明具有比传统战车设计有更明显的优势。1956 年 4 月 23 日，TV-8 坦克的提案被终止。

20 世纪 50 年代初，面对苏联在东欧部署的数万辆坦克组成的“装甲洪流”，美国开始寻求各种应对方法。由于美国坦克十分注重成员的舒适性，因此，会在坦克中设计各种生活设备，包括空调和咖啡机等，这就使得有限的油料即使再怎么节约，也无法满足坦克的远距离作战需求。因此，美国陆军提出了核动力坦克研制计划，并在 1950 年第一次“问号会议”上，提出了代号 TV-1 的核动力坦克研制计划。

该坦克的后续发展并不理想，主要是因为第一次研制类似型号，各项指标和最终结果都和现实需求有了很大出入。比如，TV-1 坦克总重达到了 70 吨，这种坦克即便是放到今天，都很难实现长距离大面积机动作战，因为大部分桥梁和道路都无法承受这个重量。其次，虽然采用了核反应堆作为动力装置，不过，TV-1 坦克核辐射超标，导致成员必须每隔一小时就要换一次，如此一来，TV-1 坦克基本上无法实现持续作战。因此，TV-1 坦克无论自身设计还是使用、维护等各个方面都无法满足最终的装备需要。最终，美国陆军在 1955 年第四次“问号会议”上，提出了另一款更加符合战场需求的 TV-8 核动力坦克研制计划。相比较 TV-1 坦克采用一体化全封闭设计方案，TV-8 坦克将成员、核反应堆、武器和传动系统，都设计在了一个豆荚形炮塔内。这种设计，优点是可以增强坦克自身的机动性能以及战场的反应速度，同时也可以获得更好的跳弹外形和抗核爆炸冲击波能力。此外，TV-8 坦克有针对性地降低了自身重量。相比 TV-1 坦克 70 吨的自重,TV-8 坦克仅 25 吨，其中炮塔重 15 吨，底盘重 10 吨。为了方便快速机动作战，炮塔和底盘可拆开进行空运，大大强化了自身的快速机动部署作战能力。

因为自重等原因，TV-8 坦克装备的是一门 90 毫米滑膛炮，炮弹安放在尾部带有装甲隔断的储弹箱内。为了强化自身对近距离目标的作战能力，TV-8 坦克还装备有两挺 7.62 毫米的同轴机枪，以及一挺由车长控制的 12.7 毫米遥控机枪。

TV-8 坦克在最初阶段，并没有装备核反应堆，而是采用一部克莱斯勒 V8 发动机来为其提供动力，随后，为了满足大航程的需要，TV-8 坦克装备了一个微型核反

TV-8 试验坦克

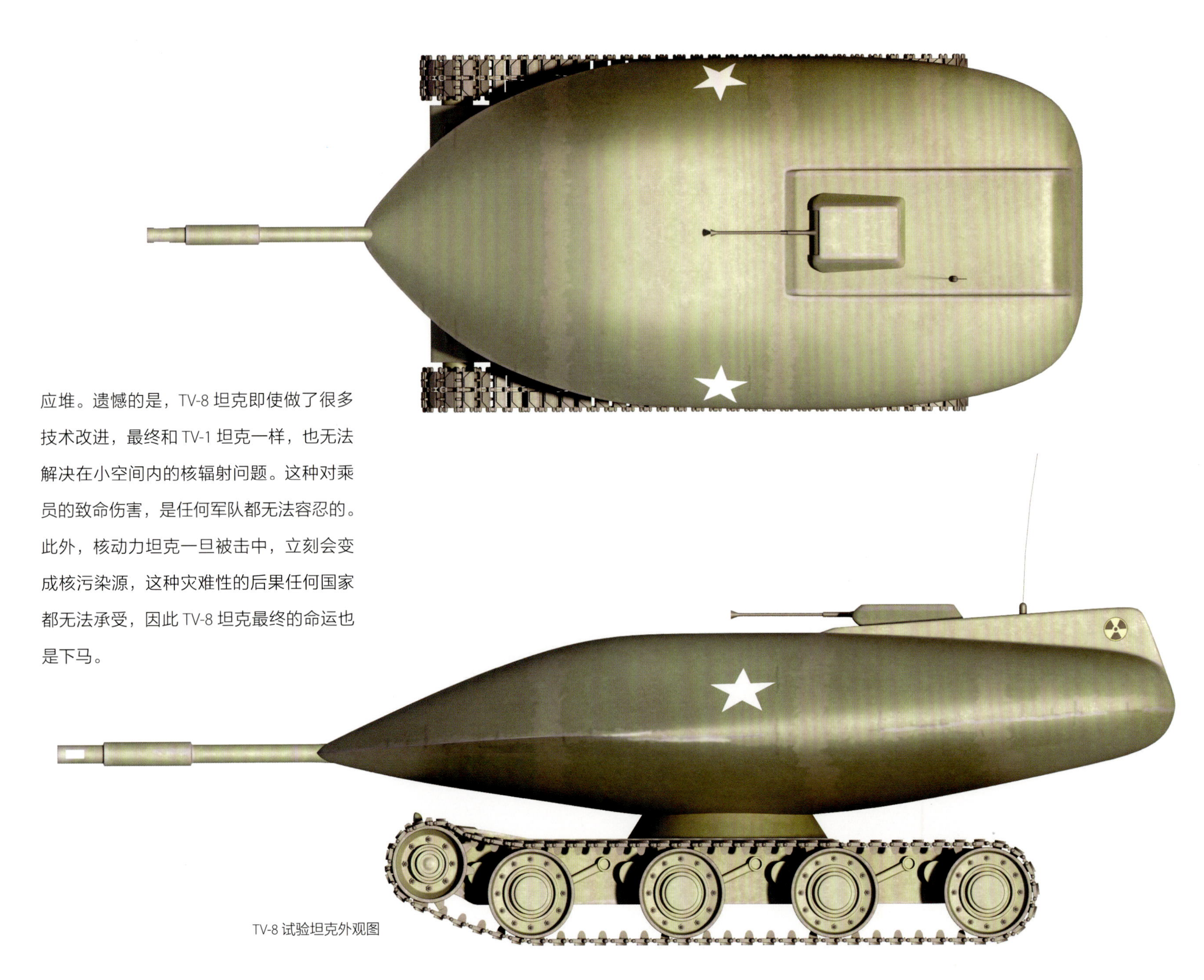

应堆。遗憾的是，TV-8 坦克即使做了很多技术改进，最终和 TV-1 坦克一样，也无法解决在小空间内的核辐射问题。这种对乘员的致命伤害，是任何军队都无法容忍的。此外，核动力坦克一旦被击中，立刻会变成核污染源，这种灾难性的后果任何国家都无法承受，因此 TV-8 坦克最终的命运也是下马。

TV-8 试验坦克外观图

TV-8 坦克参数

生产日期	1955 年设计，未生产
重量	25 吨
车体长度	8.94 米（含炮）
宽度	3.4 米
高度	无准确信息
操作人员	4 人
主炮	90 毫米 T208 滑膛炮
机枪	7.62 毫米机枪 ×2 12.7 毫米重机枪 ×1
发动机	燃气涡轮发动机 碳氢化合物提供燃料蒸汽循环发电机 核动力蒸汽循环发电机
作战范围	不详
速度（公路）	不详

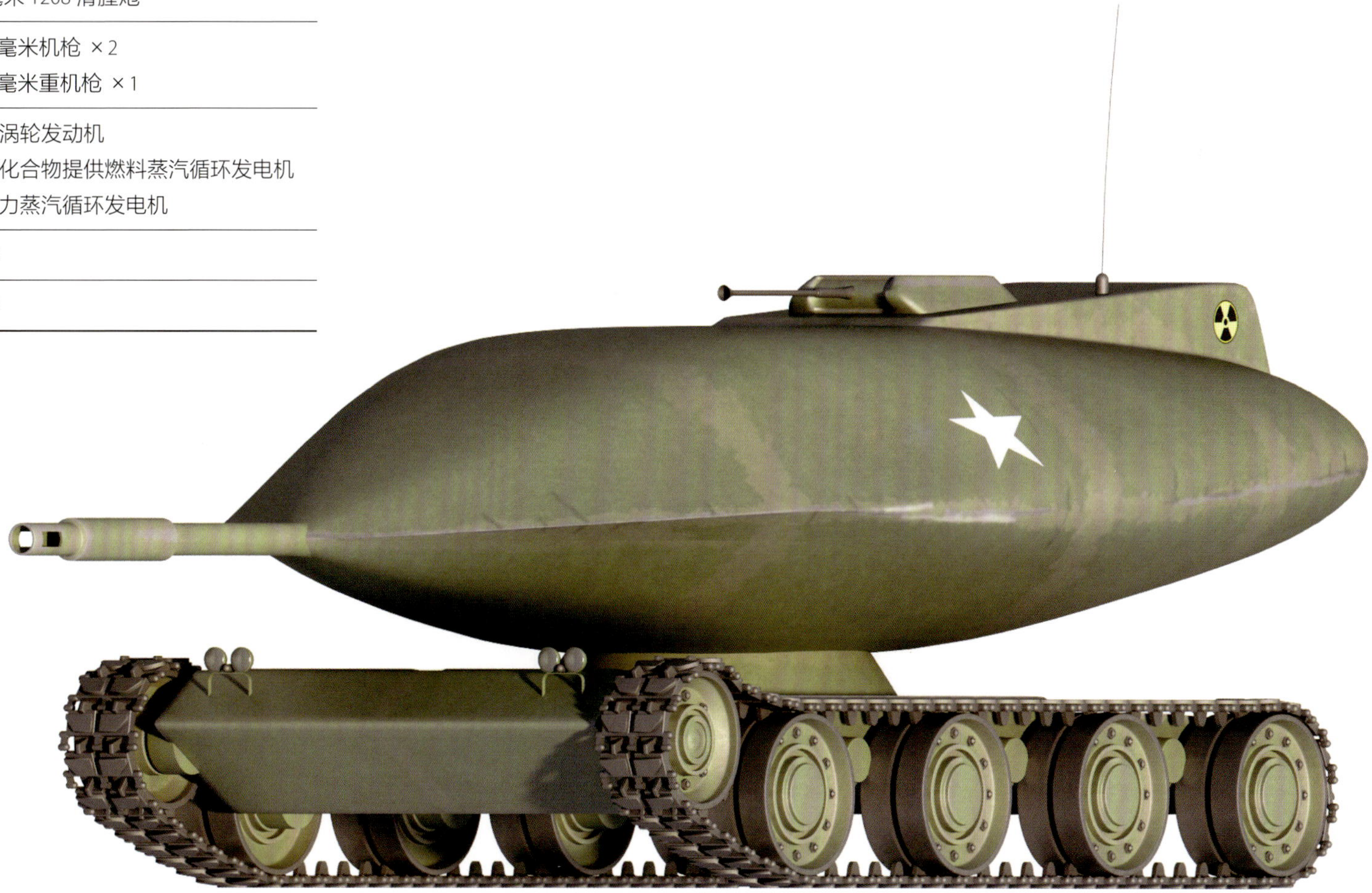

04 巴基斯坦 MBT-2000 坦克

MBT-2000 主战坦克

MBT-2000 主战坦克是巴基斯坦与友好国家联合研制、共同开发的主战坦克，又被称为“VT-1”。

MBT-2000 坦克的发展可追溯至巴基斯坦求助友好国家为巴基斯坦塔克西拉重工业公司（HIT）建立坦克翻修工厂，初期该坦克厂服务于巴军的 T-54/55 改进型号坦克，但印度购买俄罗斯 T-72 主战坦克后，巴基斯坦顿觉威胁增大，便请求友好国家协助研发新式主战坦克。MBT-2000 坦克于 1990 年开始研发，1991 年第一辆坦克工程样车对外展示，在巴国内无法提供满足要求的动力、传动系统的前提下，选用国外设备，共制造了四辆动力系统验证样车供军方进行测试。1996 年配置乌克兰马雷舍夫工厂提供的 6TD-2 型柴油发动机的版本最终通过巴陆军全面测试。项目定名为“MBT-2000”，于 2000 年设计定型。巴基斯坦命名为“哈利德”（英语：Al-Khalid），2002 年巴基斯坦成为第一个拥有可构成作战单位数量 MBT-2000 坦克的国家。

MBT-2000 主战坦克采用乌克兰马雷舍夫工厂的 6TD-2 型 1200 马力柴油发动机，发动机和传动装置为一个整体动力单元可整体吊装。其安装有复合装甲和附加爆炸反应装甲，炮塔的正面主装甲抗穿甲弹能力相当于 600 毫米轧制均质装甲，装甲防护已经超越了德国“豹”2 早期型主战坦克，当时几乎没有多少反坦克武器可完全击毁 MBT-2000 坦克。它的主炮使用 125 毫米滑膛炮，带有自动装弹机，射速

MBT-2000 主战坦克

六至八发每分钟，配备指挥仪式火控系统及车长周视镜，并结合自动跟踪及热成像仪。辅助武器配有一挺 7.62 毫米并列同轴机枪，一挺 12.7 毫米高射机枪。

巴基斯坦陆军装备的“哈利德”坦克是在 MBT-2000 坦克基础上为巴基斯坦量身定做的。VT-1A 为 MBT-2000 的改款，某些分系统根据客户需求的不同进行选配，2009 年发布，针对人体工学、防护力、自动装弹做改进，并外销出口。

MBT-2000 坦克参数

生产日期	2000 年
重量	48 吨
车体长度	10.07 米（含炮）
宽度	3.5 米
高度	2.4 米
操作人员	3 人
主炮	125 毫米滑膛炮
机枪	7.62 毫米机枪 ×1 12.7 毫米重机枪 ×1
发动机	6TD-2 型二冲程水冷增压柴油发动机
作战范围	500 千米
速度（公路）	65 千米 / 时

MBT-2000 主战坦克外观图